V. B. Virani

Calibração, validação e análise de sensibilidade do modelo CROPGRO

V. B. Virani

Calibração, validação e análise de sensibilidade do modelo CROPGRO

Modelo de simulação de culturas DSSAT: Uma ferramenta de apoio à decisão

ScienciaScripts

Imprint
Any brand names and product names mentioned in this book are subject to trademark, brand or patent protection and are trademarks or registered trademarks of their respective holders. The use of brand names, product names, common names, trade names, product descriptions etc. even without a particular marking in this work is in no way to be construed to mean that such names may be regarded as unrestricted in respect of trademark and brand protection legislation and could thus be used by anyone.

Cover image: www.ingimage.com

This book is a translation from the original published under ISBN 978-620-7-65321-8.

Publisher:
Sciencia Scripts
is a trademark of
Dodo Books Indian Ocean Ltd. and OmniScriptum S.R.L publishing group

120 High Road, East Finchley, London, N2 9ED, United Kingdom
Str. Armeneasca 28/1, office 1, Chisinau MD-2012, Republic of Moldova, Europe
Managing Directors: Ieva Konstantinova, Victoria Ursu
info@omniscriptum.com

Printed at: see last page
ISBN: 978-620-8-54828-5

Conteúdo

RESUMO

Um experimento de campo foi conduzido na fazenda da faculdade, Navsari Agricultural University, Navsari (Gujarat) durante a estação *rabi* do ano 2021-22. O experimento foi estabelecido em um projeto de parcela dividida com três variedades (CO-4, GBM-1 e GM-7) e dois níveis de fertilizantes (15-30-00 NPK kg ha $^{-1}$ e 20-40-00 NPK kg ha $^{-1)}$ como tratamentos de parcela principal e três datas de semeadura (27 th de outubro, 11 th de novembro e 26 th de novembro) como tratamentos de subparcela com três repetições. Os resultados obtidos durante o período de estudo revelaram que o clima desempenhou um papel significativo na decisão do rendimento da grama verde. No entanto, as variáveis meteorológicas afectaram de forma diferente o crescimento, o desenvolvimento e o rendimento da cultura em diferentes fenofases durante o seu período de crescimento. Os resultados, relativos a diferentes fenofases, bem como ao carácter de atribuição de rendimento do genótipo de grama verde influenciado por diferentes tratamentos, mostraram que o 26 th de novembro (D3) ao nível de fertilizante 20-40-00 NPK kg ha $^{-1}$ (F2) na *cv.* CO-4 produziu uma produção de sementes e de vagens significativamente maior. Uma tendência semelhante também foi observada na altura da planta, número de vagens $^{-1}$, número de sementes $^{-1}$, peso de teste e índice de colheita. Os dados observados foram testados e validados utilizando o DSSAT versão 4.7.5 (CROPGRO-Drybean). O modelo de simulação foi testado quanto à sua capacidade de prever a fenologia, o crescimento e o rendimento da grama verde para a *cv.* CO-4, *cv.* GBM-1 e *cv.* GM-7. O modelo CROPGRO foi calibrado utilizando dados experimentais para a determinação dos coeficientes genéticos da *cv.* CO-4, *cv.* GBM-1 e *cv.* GM-7. O modelo CROPGRO foi validado com dados experimentais de campo de 2021-22. O modelo previu a ocorrência de fenofases como dias de emergência, dias para a iniciação da flor, dias para a iniciação da vagem, dias para a iniciação da semente e dias para a maturidade da colheita em diferentes datas de semeadura e níveis de fertilizantes com erro de 9,24%. Previsão do rendimento e dos caracteres de rendimento: rendimento de sementes, rendimento de vagens, nº de vagens $^{-1}$, nº de vagens $^{-2}$, peso de vagens, altura da planta e índice de colheita em diferentes datas de sementeira e níveis de fertilizantes com um erro de 7,21%. O erro percentual global do modelo DSSAT CROPGRO-Drybean foi de 8,05. Observou-se um efeito negativo (até -49,56% de diminuição da produção) com o aumento da temperatura máxima de +1 a +5°C e um impacto positivo na produção de sementes (até 35,25% de aumento da produção de sementes) com a diminuição da temperatura máxima de -1 a -5C. O impacto negativo na produção de sementes de grama verde (até uma diminuição de -25,95% na produção de sementes) quando se aumenta a temperatura mínima de +1 a +5C. Os efeitos positivos mais elevados (até 49,27% de aumento no rendimento) foram observados com o aumento da concentração atmosférica de CO_2 de 450 para 600 ppm. Os resultados do estudo sobre a variabilidade intra-sazonal revelaram que a temperatura elevada teve um efeito negativo na produção de sementes e a temperatura reduzida teve um efeito positivo na produção de sementes. Entre as variedades, a *cv.* GM-7 foi a menos afetada pela variação da temperatura. *A cv.* GBM-1 foi a mais sensível à temperatura elevada. A variação de temperatura durante novembro e dezembro teve um efeito máximo na cultura de grama verde semeada tardiamente (D3). A produção de sementes diminuiu mais (até -62,69%) no efeito combinado do aumento da temperatura máxima e mínima (+1 a +5°C) em comparação com o efeito individual da temperatura máxima e mínima na produção de sementes de grama verde. O efeito combinado do aumento da temperatura máxima (+1 a +3C) e da concentração de CO_2

(450 a 600 ppm) teve um impacto positivo na produção de sementes de grama verde. Da mesma forma, o efeito combinado do aumento da temperatura mínima (+1 a +3C) e da concentração de CO_2 (450 a 600 ppm) teve um impacto positivo na produção de sementes de grama verde. A utilização do GDD total aumentou com o atraso da sementeira dos genótipos de grama verde para atingir a maturidade e seguiu-se uma tendência semelhante na utilização de HTU e PTU. Além disso, verificou-se que as eficiências de utilização dos índices térmicos variaram com as datas de sementeira da cultura de grama verde.

RECONHECIMENTO

Não há palavras que possam exprimir o meu mais sincero respeito e as minhas emoções para com a minha mãe, a **Sra. Jasuben Virani**, o meu pai, o Sr. **Bharatbhai Virani,** o meu avô, o **Sr. Jivrajbhai Virani**, a minha avó, a **Sra. Sakarben Virani** e a minha única irmã, a **Sra. Hetviben Virani** (o meu banco pessoal), pelos seus sacrifícios, confiança, amor, cuidado, afeto e encorajamento ao longo do meu percurso. Sinto-me muito feliz por poder exprimir o meu profundo sentimento de gratidão e a minha mais humilde saudação aos seus pés.

Neste momento inexplicável, não existem palavras no léxico para exprimir a minha emoção e expressão de gratidão, mas com toda a honra e êxtase de prazer exprimo os meus sinceros agradecimentos ao meu Guia Principal e grande professor **Dr. Neeraj Kumar**, Professor Assistente, Departamento de Agronomia, Faculdade de Agricultura, Universidade Agrícola de Navsari, Bharuch. Ele sempre foi uma figura paternal para mim e sinto-me extremamente abençoado e afortunado por ter o meu guia. Aproveito esta oportunidade de ouro para lhe manifestar a minha gratidão, a minha dívida e os meus sinceros cumprimentos pela sua valiosa e inspiradora orientação, pelas suas sugestões críticas e pelo seu apoio e encorajamento ao longo do meu estudo.

Estou muito grato ao meu co-orientador**, Dr. D.D. Patel**, Diretor, College of Agriculture, Navsari Agricultural University, Bharuch, pela sua cooperação em todos os aspectos do estudo e ao membro do meu comité, **Dr. B.M. Mote**, Professor Assistente, Directorate of Research, Navsari Agricultural University, Navsari e **Dr. S. M. Bambhaneeya**, Professor Assistente, Department of Soil Science and Agril. Chemistry, College of Agriculture, Navsari Agricultural University, Bharuch. que mantiveram sempre uma atitude positiva e prestaram ajuda sem falhas durante todo o tempo do meu trabalho de investigação **Dr. Dr. Alok Srivastava**, Diretor e Professor Associado, Department of Statistics, N. M. College of Agriculture, Navsari Agricultural University, Navsari.

Uma palavra de agradecimento não se interpõe entre nós, mas ainda assim, do fundo do meu coração, transmito os meus agradecimentos dedicados ao **Dr. Smitha Gupta**, Professor Assistente, NAU, Navsari e, mais uma vez, agradeço ao **Dr. B. M. Mote** pela atitude amigável, cooperação, ajuda desinteressada e encorajamento constante durante o meu período de investigação.

Estou também profundamente grato ao Honorável Vice-Chanceler, **Dr. Z. P. Patel**, N. A. U., Navsari, ao Honorável Diretor de Investigação e Decano de Estudos de Pós-Graduação, **Dr. S. R. Chaudhary**, N. A. U., Navsari, bem como ao Diretor da N. M. College of Agriculture, Navsari, **Dr. R. D. Pandya**, por ter proporcionado as instalações necessárias para a realização de trabalhos de investigação e a oportunidade de prosseguir os estudos numa situação tão boa.

Uma dívida especial de gratidão para com todos os membros da célula de Meteorologia Agrícola, ou seja, **o Dr. P.K. Parmar** (professor assistente), **o Sr. Dafada Bhargav** (observador), **a Sra. Khyati Shabhaya** (bolseira da SRF) e **Mihir**.

Estou igualmente grato ao pessoal da quinta universitária por me ter fornecido todos os requisitos necessários para o meu estudo de investigação **(Rinkeshbhai e Ashishbhai)**. Ficarei eternamente em dívida para com eles. Estou grato a todos os meus amigos **Ashok Chaudhary (o meu companheiro de quarto e de orientação), Neel Korat, Tank Bhautik, os meus amigos mais novos, ou seja, John Martin, Netaji, Khautik e outros, John Martin, Netaji, Kaushal, Charlie, Akbari e Raj, Shahil Kanjariya (mestre de STAT), Hardly, Parth Rathod, Joshi Rutvik, Deep Patel, Jordan, Ravji Rabari, Jaybhai, Joshi,**

Prince, Hitesh Ahir, Deepak Ahir, Ranaji, Divyesh, Akash, Jayantabhai, Manish, Pratik e Pankaj, que estão sempre presentes sempre que preciso de ajuda e também por me ajudarem na recolha de dados para a minha investigação.
Um agradecimento especial aos meus amigos mais velhos e aos meus amigos **Chirag Solanki, Ujjawalbhai, Vikrambhai, Piyushbhai, Kotadiyabhai, Annabhai, Savanbhai, Yuvrajbhai, Axaybhai, Manishbhai, Bharatkaka e Nimishbhai**, que me deram conselhos nos momentos difíceis.
Por último, admito francamente que não é possível recordar todos os rostos que se encontravam por detrás da fachada neste momento e a omissão de alguns nomes não significa falta de gratidão.
Local: Navsari **(Virani Vivek Bharatbhai)**

Data:

CAPÍTULO 1

INTRODUÇÃO

1.1 Importância da grama verde

A grama-verde é a terceira cultura de leguminosas mais importante na Índia, a seguir ao grão-de-bico e ao feijão-frade, e crê-se que seja originária da Índia e importante nas regiões tropicais e subtropicais do mundo. A grama verde é popularmente conhecida como "Moong dal" na Índia e é um pequeno feijão de forma circular, de cor verde. A produtividade desta cultura é muito baixa, principalmente devido ao facto de ser cultivada em terras marginais com uma taxa reduzida de fertilizantes. Entre as várias limitações, a gestão nutricional incorrecta é um impedimento importante para aumentar a produtividade das leguminosas.

A Índia contribui com mais de 70 % da produção mundial de grama verde. Na Índia, em 2020-21, cerca de 34,37 lakh ha de área foram cobertos por uma grama verde. Os estados de Rajasthan (23,33 lakh ha), Karnataka (3,05 lakh ha), Maharashtra (3,36 lakh ha), Madhya Pradesh (0,90 lakh ha), Odisha (0,73 lakh ha), Gujarat (0,94 lakh ha) e Telangana (0,60 lakh ha) são os principais estados produtores de grama verde na Índia (Anonymous, 2021). A produção de grama verde na Índia é de cerca de 17,83 lakh toneladas com uma produtividade de cerca de 500 kg/ha durante o ano 2020-21. O maior produtor de grama verde na Índia é Rajasthan (12,87 lakh tonne), Maharashtra (1,39 lakh tonne), Karnataka (0,92 lakh tonne), Gujarat (0,63 lakh tonne) e Madhya Pradesh (0,43 lakh tonne) durante o ano 2020-21 (Anônimo, 2021).

A grama verde é uma excelente fonte de proteínas de alta qualidade (25%), com elevada digestibilidade. É utilizada de forma diferente na nossa dieta, tanto como grão integral como "Dal". A grama verde germinada é utilizada para fazer caril ou um prato salgado (Sul da Índia). É suposto ser facilmente digerível e, por isso, os doentes preferem-na. É também uma boa fonte de riboflavina, tiamina e vitamina C (ácido ascórbico). Quando as sementes de grama verde são germinadas, produzem uma grande quantidade de ácido ascórbico (vitamina C) (Khirwar *et al.*, 2002). A grama verde também é utilizada como cultura de adubo verde. É uma cultura leguminosa que pode fixar o azoto atmosférico em cerca de 30-40 kg N/ha. Também ajuda na prevenção da erosão do solo. Adapta-se bem a muitas rotações de culturas intensivas porque é uma cultura de curta duração. A grama verde pode ser utilizada como forragem para o gado. Após a colheita das vagens, as plantas verdes são arrancadas ou cortadas ao nível do solo, cortadas em pequenos pedaços e dadas ao gado. A casca da semente pode ser utilizada como forragem para o gado depois de ser embebida em água. É uma cultura de autopolinização. No Norte da Índia, é cultivada nas épocas *kharif* e de verão e, no Sul da Índia, na época *rabi*.

1.2 Requisitos climáticos para a grama verde

A grama verde é uma cultura foto e termo-sensível, cultivada em todas as estações. No norte da Índia, a grama verde é cultivada no verão e na época *da colheita*. No sul da Índia, a cultura também é cultivada no inverno. É necessário um clima quente e morno, com temperaturas que variam entre 20°C e 40°C. A grama verde é mais adequada para áreas com uma precipitação anual de 60 a 75 cm. A grama verde é considerada a mais resistente de todas as culturas de leguminosas e pode tolerar a seca em grande medida. Por conseguinte, é cultivada com êxito em todas as condições adversas e, em especial, em zonas propensas à seca durante a estação *kharif*. No entanto, o encharcamento e o tempo nublado são prejudiciais para a cultura.

1.3 Solo

A grama verde é cultivada em diferentes tipos de solos, desde solos vermelhos e lateríticos no sul da Índia até solos negros de algodão em Madya Pradesh e solos arenosos no Rajastão. Os solos franco-argilosos a franco-arenosos são considerados ideais para a cultura da grama verde. O solo deve ser bem drenado. Os solos salino-alcalinos e ácidos não são adequados para a cultura da grama verde.

1.4 Modelo de simulação de culturas

Um modelo de cultura pode ser definido como uma relação funcional entre respostas dependentes observáveis da planta, tais como crescimento, alteração de peso, alteração fotossintética, etc., e a variável pertinente que influencia a planta. (Monteith, 1996) também definiu o modelo de cultura como um esquema quantitativo para prever o crescimento, o desenvolvimento e o rendimento de uma cultura, dado um conjunto de coeficientes genéticos e variáveis ambientais relevantes.

Um modelo de simulação de culturas é uma ferramenta útil para descrever os processos de crescimento e desenvolvimento das culturas em função das condições climatéricas, das condições do solo e da gestão das culturas. Um modelo de simulação de culturas é uma representação simples de uma cultura em relação a factores ambientais e outros factores que influenciam o crescimento e é explicativo por natureza. Pode ser utilizado para muitos fins, como a estimativa do rendimento, a gestão de várias culturas, a seleção da data de plantação ideal, a programação da irrigação, o efeito das alterações climáticas no rendimento das culturas, a gestão das decisões de produção de culturas, a análise de políticas, a determinação das caraterísticas genéticas ideais das plantas para um ambiente específico, a previsão do desempenho de novas cultivares em diferentes ambientes (Mote *et al.*, 2015). Atualmente, modelos de simulação de culturas como DSSAT, InfoCrop, RSCM, PNUTGRO, WOFOST, EPIC, APSIM, AquaCrop, etc. são utilizados com sucesso para simular o crescimento e o rendimento das culturas.

1.4.1 Modelo DSSAT CROPGRO-Green gram

Um dos sistemas amplamente utilizados para a modelação de culturas é o modelo de simulação de culturas DSSAT (Decision Support System for Agrotechnology Transfer). O DSSAT é um programa de aplicação de software que inclui modelos de simulação de culturas para mais de 42 culturas (a partir da versão 4.7.5), incluindo os modelos CERES para a família dos cereais, CROPGRO para a família das leguminosas, SUBSTOR para a família das culturas de raízes, CANEGRO para a cana-de-açúcar, CROPSIM para a mandioca, OILCROP para o girassol e modelos de culturas frutícolas, de pastagens, etc. O DSSAT foi desenvolvido para avaliar o rendimento, a utilização de recursos e o risco associado a diferentes práticas de produção de culturas. O sistema DSSAT é um exemplo de uma ferramenta de gestão que permite aos agricultores fazer corresponder as exigências biológicas de uma cultura às caraterísticas físicas da terra e do ar ambiente para atingir objectivos específicos. O software DSSAT pode ajudar os decisores a implementar estratégias agrícolas futuras em diferentes cenários relacionados com as práticas agrícolas, utilizando dados pedológicos, fisiológicos, agronómicos e meteorológicos específicos do local (Kumar *et al.*, 2017).

O principal conjunto de dados necessários para executar o modelo DSSAT é o solo, o clima, a cultura e a gestão da cultura. Os dados meteorológicos mínimos necessários para executar o modelo são dados diários de radiação solar, temperatura máxima e mínima, e precipitação. Os ficheiros do solo incluem o pH, a CE, o albedo, a mineralização, a drenagem e o coeficiente de escoamento superficial, etc. Os ficheiros das culturas incluem a data de sementeira, o tempo de ocorrência de diferentes fases fisiológicas, a população de plantas, o LAI, etc. Os ficheiros de gestão das culturas incluem a população de plantas, o espaçamento entre linhas, a quantidade de irrigação, o fertilizante, etc. O CROPGRO é utilizado para estimar o balanço de carbono das culturas, o balanço de N das culturas e do solo (fixação de N2, absorção de N e mobilização de N) e o balanço hídrico do solo (Iyanda *et al.*, 2014).

1.4.2 Calibração e validação do modelo de cultura

Antes de um modelo de cultura poder fornecer resultados exactos, o investigador deve assegurar-se primeiro de que o modelo foi calibrado. A calibração ou parametrização do modelo é o ajuste dos parâmetros para que os valores simulados se comparem bem com os observados (Harb *et al.*, 2013). A calibração de um modelo exige vários anos de dados meteorológicos e de culturas da cultura e do local selecionados. A validação é a comparação entre os dados simulados (estimados) e os observados (medições). Um investigador deve reduzir o erro entre os dados simulados e observados . Foram utilizados vários critérios de teste para quantificar as diferenças entre os dados observados e simulados. Os critérios de teste foram separados em dois grupos, denominados medidas de resumo e medidas de diferença. As medidas de resumo descrevem a qualidade da simulação, enquanto as medidas de diferença tentam localizar e quantificar os erros. nRMSE (normalized root mean square error) fornece uma medida (%) da diferença relativa dos dados simulados em relação aos observados. A simulação é considerada excelente com um RMSE (Root mean square error) normalizado inferior a 10%, boa se o RMSE normalizado for superior a 10 e inferior a 20%, razoável se o RMSE normalizado for superior a 20% e inferior a 30%, e má se o RMSE normalizado for superior a 30% (Loague e Green, 1991).

1.4.3 Análise de sensibilidade

Por análise de sensibilidade entende-se uma taxa de variação da variável de saída (rendimento) por unidade de variação da variável de entrada (temperatura, precipitação, fertilizante, CO_2, etc.). O estudo de sensibilidade na modelação de simulação de culturas envolve a exploração do comportamento do modelo para diferentes valores de parâmetros (temperatura, precipitação, CO_2, etc.).

1.5 Índices térmicos

A temperatura desempenha um papel importante na maioria dos processos vegetais, incluindo a fotossíntese, a respiração, a transpiração, a germinação, a absorção, a floração, etc. As plantas necessitam de uma quantidade específica de calor para se desenvolverem de um ponto para outro do seu ciclo de vida. A duração de uma determinada fase de crescimento está diretamente relacionada com a temperatura e esta duração para determinadas espécies pode ser prevista através de índices térmicos (Gudadhe *et al.*, 2013). Assim, os índices baseados na temperatura do ar (índices térmicos), como os graus-dia de crescimento (GDD), as unidades fototérmicas (PTU), as unidades heliotérmicas (HTU), o índice fototérmico (PTI), a eficiência da utilização do calor (HUE), etc., podem ser utilizados com êxito para prever as fases fenológicas e outros parâmetros de crescimento, como o índice de área foliar, a produção de biomassa, o rendimento das sementes, etc.

Os graus-dia de crescimento (GDD) baseiam-se no conceito de que o tempo real necessário para atingir a maturidade está linearmente relacionado com o intervalo de temperatura entre a temperatura de base (T_b) e a temperatura óptima (Monteith, 1996). As eficiências de utilização do calor e da radiação são aspectos importantes em termos de matéria seca ou rendimento das culturas. A eficiência da utilização do calor (HUE) é o rácio entre o rendimento do grão (kg ha^{-1}) e o GDD acumulado ($°C$ dia) ou, por outras palavras, o calor utilizado pelas plantas para produzir uma unidade de biomassa e expresso em kg C dia^{-1}. O calor total e a energia radiante disponíveis para qualquer cultura nunca são completamente convertidos em matéria seca, mesmo nas condições agro-climáticas mais favoráveis, e dependem do tipo de cultura, da época de sementeira, de factores genéticos e das operações de campo (Rao *et al.*, 1999). A unidade fototérmica (PTU) para um determinado dia representa o produto do GDD e o máximo possível de horas de sol, mostrando que o efeito combinado da temperatura e do fotoperíodo nas fases de crescimento é expresso em °*C* $dias^{-1}$ $horas^{-1}$. A unidade heliotérmica (HTU) para um determinado dia representa o produto do GDD e das horas de sol brilhante efetivo e é expressa em g C $dias^{-1}$ hrs^{-1}.

Em vista disso, a presente investigação foi realizada durante as estações *Rabi* de 2021-22 intitulada **"Calibração, validação e análise de sensibilidade do modelo DSSAT CROPGRO-Green Gram para Green Gram em diferentes ambientes de cultivo da região de Navsari, no sul de Gujarat"** com os seguintes objetivos: **OBJECTIVOS:**

1. Recolha de dados agrícolas e meteorológicos para calibração do modelo
2. Validação do modelo DSSAT para a análise de sensibilidade da grama verde
3. Calcula os índices térmicos de acordo com os genótipos das culturas para diferentes fases em condições meteorológicas variáveis

CAPÍTULO 2

REVISÃO DA LITERATURA

Nesta secção, foi feita uma tentativa de apresentar a literatura relevante disponível sobre a grama verde ou outros trabalhos relacionados realizados na Índia ou no estrangeiro. Para simplificar, estes são apresentados nos seguintes subtítulos:

2.1 Calibração e validação de modelos

2.2 Análise de sensibilidade dos modelos

2.3 Calcular os índices térmicos em função da fenologia das culturas

2.4 Calibração e validação de modelos

Kaur e Hundal (1999) calibraram o modelo PNUTGRO utilizando dados de cinco anos consecutivos (1989 a 1993) e validaram o modelo para prever o rendimento e o crescimento do amendoim (M-335) em Ludhiana. O rendimento efetivo de vagens variou entre 1115 e 1761 kg/ha e o rendimento simulado de vagens situou-se entre 89 e 111% (média de 100%) do rendimento efetivo. O rendimento real de sementes variou de 700 a 1122 kg/ha e o rendimento de sementes foi simulado para estar dentro de 90-110% (média 100%) do rendimento real. A produção simulada de vagens e sementes foi superestimada e subestimada pelo modelo. Além disso, o modelo PUNTGRO subestimou a data de floração simulada. Os resultados revelaram que as previsões da fenologia e do rendimento do amendoim são satisfatórias e, por conseguinte, o modelo "PNUTGRO" pode ser utilizado para prever a produção de amendoim nas planícies centrais do Punjab indiano.

Akula *et al.* (2005) calibraram o modelo InfoCrop utilizando dados experimentais de campo de dois anos (2000 - 2001) e validaram o modelo para prever o rendimento do trigo em Anand. Os resultados revelaram que o rendimento médio simulado dos grãos (4233 kg/ha) estava comparativamente mais próximo do rendimento médio observado (4438 kg/ha). A percentagem % RMSE e o índice de concordância para o rendimento de grãos foram de 8,96 e 0,94, respetivamente. Com base neste resultado, pode concluir-se que o modelo InfoCrop é muito exato na previsão do rendimento do trigo e que o modelo "InfoCrop" pode ser utilizado para a previsão do rendimento do trigo no centro de Gujarat.

Rai e Kushwaha (2005) referiram que os valores simulados e observados para o número de dias até ao início da panícula e 50% de floração coincidiram no caso da cultivar de arroz em Pantnagar, Uttaranchal, enquanto o valor estimado para o número de dias até à maturidade foi superior ao valor simulado. Uma correlação elevada entre o valor observado e simulado para o rendimento e os componentes do rendimento, incluindo o número de panículas,

O número de grãos por panícula e o peso de 1000 grãos foram registados, indicando a adequação do modelo CERES-Rice para simular o desenvolvimento, o rendimento e os componentes do rendimento do arroz de terras altas.

Bhatia *et al.* (2008) calibraram o modelo CROPGRO-soybean e utilizaram um modelo validado para avaliar o rendimento potencial e as lacunas de rendimento em condições de não limitação e limitação de água para 21 locais na Índia. O rendimento médio simulado e observado foi de 3020 e 2020 kg ha^{-1}, respetivamente, em condições sem limitação de água e de 2170 e 1170 kg ha^{-1}, respetivamente, em condições com limitação de água. Isto indica uma maior diferença de rendimento (redução de 28% no rendimento) em condições de elevada precipitação e uma diminuição com baixa precipitação nos locais. O resultado revelou que os valores simulados estavam em boa concordância com os valores observados correspondentes. Assim, o modelo CROPGRO-Soybean pode ser utilizado com êxito para simular o

crescimento e o rendimento da soja numa das principais regiões produtoras de soja da Índia.
Reddy *et al.* (2008) testaram os modelos WOFOST e CERES para a fenologia e o rendimento de grãos de arroz. O modelo CERES previu a maturidade fisiológica com um erro de -5,7% e 7,8% durante 2004 e 2005, respetivamente. Enquanto o rendimento de grãos foi previsto com um erro de 4,1% em 2005, o modelo CERES previu a floração, a maturidade e o rendimento do MTU 1010 com um erro de 3,6% e -4,7%, respetivamente. Em 2006, em Rajendranagar, no JGL 1798, o modelo CERES previu o rendimento de 3,4% e -3,4% em comparação com o WOFOST, que previu o rendimento de grãos com um erro de 1,9% e -1,8%, para as plantações de 31 de julho e 11 de agosto.
Kumar *et al.* (2009) realizaram uma experiência na Agrometeorological Instructional Farm da Narendra Deva University of Agriculture & Technology, Kumarganj, Faizabad (U.P.) durante a época de *colheita* de 2005-06 para investigar as validações do modelo CERES (v.3.5) para o arroz em diferentes datas de transplantação e diferentes genótipos. Os tratamentos consistiram em três genótipos, a saber, Sarjoo-52, NDR-359 e Pant Dhan-4, duas datas de transplantação, *a saber*, 5 de julho de 2005 e 25 de julho de 2005, e três níveis de azoto, *a saber*, 80 kg ha^{-1}, 120 kg ha^{-1} e 160 kg ha^{-1}. O experimento foi realizado em blocos casualizados (RBD). A partir da resposta do modelo de simulação, observa-se que a exatidão do valor simulado diminui com a sementeira tardia em todos os genótipos. Entre as variedades, verificou-se que a Pant Dhan-4 tinha uma proximidade máxima do valor observado, seguida da Sarjoo-52 e da NDR-359 em todos os níveis de azoto para a biomassa (gm/m^2). A previsão do rendimento de grãos ao nível de 120 kg de azoto foi a mais próxima em Pant Dhan-4 e Sarjoo-52, ao passo que NDR-359 mostra uma maior proximidade a 160 kg de azoto em ambas as datas de transplantação. No que respeita ao peso/grão (gm), verificou-se que o nível de azoto de 120 kg tem a maior precisão (100%), *ou* seja, não há diferença entre o valor observado e o previsto em ambas as datas de transplantação e níveis de azoto.
Guled *et al.* (2012) realizaram a experiência de campo durante as épocas de colheita de 2009 e 2010 para avaliar o modelo CROPGRO-Peanut para atributos fenológicos e de rendimento de três cultivares de amendoim semeadas em três ambientes. Os resultados do modelo mostraram que os valores simulados de fenologia, parâmetros de crescimento e produção de vagens das cultivares de amendoim estavam próximos dos valores observados correspondentes. No entanto, os dias simulados para a maturidade da colheita foram sobrestimados pelo modelo quando comparados com os valores observados correspondentes.
Yadav *et al.* (2012) fizeram uma experiência com a calibração do coeficiente genético do amendoim (CV. Robut 33-1, GG-2) e a validação do modelo PNUTGRO (DSSAT v4.5) em duas datas diferentes de sementeira, desde o início da monção até ao intervalo de 15 dias, para estimar o rendimento e os caracteres que atribuem rendimento ao amendoim *da kharif* em Anand. Os autores referiram que o modelo PNUTGRO simulou perfeitamente a produção de vagens, enquanto os dias até à primeira semente foram subestimados pelo modelo.
Parmar *et al.* (2013) trabalharam na calibração e validação do modelo DSSAT para o amendoim *kharif* (GG-2, GG-20) utilizando os dados da experiência do ano anterior (2007-2009) da Dry Farming Research Station, JAU, Targhadia. Com duas datas de sementeira (1 st de julho e 15 th de julho). A produção de vagens obtida para as duas cultivares GG-2 e GG-20 foi de 1351,7 e 1602,2 kg/ha, enquanto o modelo simulou 1381,3 e 1627,3 kg/ha, respetivamente, ligeiramente superiores. O LAI e a produção de lâminas foram subestimados (erro percentual negativo) e a produção de vagens foi ligeiramente sobrestimada pelo modelo. O erro percentual médio (EP) da produção de vagens para a cv. GG-2, tal como simulado pelo

modelo DSSAT, foi de 2,2 % e para a cv. GG-20 foi de 1,6 %.

Kumar *et al.* (2014) fizeram uma experiência para avaliar a resposta do modelo CERES-trigo e CROPGRO-urd na região de Tarai, em Uttarakhand, utilizando dados experimentais de campo dos anos 2007 e 2008. Os autores referiram que *o teste t* (4,01 e 1,28 para 2007 e 2008, respetivamente) foi considerado não significativo para todos os parâmetros, o que indica a menor diferença entre os dados simulados e observados. Os autores referiram que os modelos CERES-Wheat e CROPGRO-urd subestimam os dias simulados de emergência e de maturidade da colheita, respetivamente, e sobrestimam a produção de sementes quando comparados com os valores observados correspondentes.

Mote *et al.* (2016) realizaram a experiência de campo na quinta da faculdade, Navsari Agricultural University, Navsari (Gujarat) durante a época de *kharif* do ano de 2012. A experiência foi realizada num esquema de parcelas divididas, com três datas de transplantação (DI, D2 e D3) como tratamento principal, três genótipos (VI, V2 e V3) e dois níveis de azoto (NI e N2) como tratamento de subparcelas com três repetições. Os resultados da investigação revelaram que o clima teve um grande impacto no rendimento do arroz. Ele demonstrou que a primeira data de transplante (DI) na cv. Gurjari produziu significativamente melhor produção de grãos e biomassa acima do solo a um nível de azoto de 100 kg. Em datas variadas de transplante e níveis de azoto, o modelo previu o aparecimento de fenofases como o início da panícula, a antese, o início do enchimento do grão e a maturidade fisiológica (DAT) dentro de 12,58 dias dos valores observados em Navsari. O rendimento dos grãos, o peso unitário dos grãos, a biomassa acima do solo, o peso dos subprodutos e o índice de colheita foram todos previstos com um erro de 30,68% em várias datas de transplante e níveis de azoto.

Silawat *et al.* (2016) realizaram uma experiência de avaliação do modelo CHIKPGRO em condições climáticas semi-áridas e sub-húmidas em Madhya Pradesh. Segundo eles, o modelo CHIKPGRO sobrestimou as fenofases, o índice de colheita, o LAI máximo, a produção de vagens, a biomassa e a produção de sementes em condições de regadio em Jabalpur e subestimou em condições de sequeiro em Tikamgarh. Concluem que o modelo pode ser melhorado para estimar o peso unitário das sementes e o número de sementes colhidas a níveis aceitáveis.

Hadiya *et al.* (2017) medem a eficiência do modelo WOFOST e CERES para a avaliação do rendimento do arroz. Projetaram que o valor simulado do modelo WOFOST (PE foi de 18,66%) para o rendimento do arroz estava mais próximo do valor observado em comparação com o modelo CERES-arroz (PE foi de 28,56%), mas para o rendimento da palha, o modelo CERES-arroz (PE foi de 20,99%) deu uma previsão mais próxima do que o modelo WOFOST (PE foi de 27,33%). Revelaram que o modelo WOFOST era mais exato na previsão do grão de arroz e o modelo CERES era mais exato na previsão do rendimento em palha.

Nath *et al.* (2017) calibraram o modelo CROPGRO (DSSAT v4.5) sob as diversas condições ambientais da região de Akola de Vidarbha para simulação de cultivares de soja (JS-335, JS-9305 e TAMS 98-21). Os autores referiram que o modelo previu a produção de sementes de forma fiável na cv. JS-335 e TAMS-98-21 e o rendimento de palha foi superestimado por um modelo na cv. JS-335 e JS-9305 e confiável em TAMS 98-21. Eles também relataram que os dias para a primeira vagem e semente foram subestimados pelo modelo CROPGRO- Soybean na cv. JS-335, JS-9305 e TAMS 98-21.

Patil *et al.* (2017) trabalham na calibração e validação do modelo CROPGRO de grão-de-bico utilizando dados experimentais de duas estações *Rabi* de 2014-15 e 2015-16 em Anand,

Gujarat. Relataram que o erro percentual (PE) entre os dados simulados e observados para todos os parâmetros foi encontrado abaixo de 10%, indicando que o modelo CROPGRO poderia ser usado para prever com precisão o rendimento das sementes na região agroclimática do meio de Gujarat.

Sar *et al.* (2017) trabalharam na calibração e validação do modelo DSSAT (CERES-RICE) para arroz *kharif* (Rajendra Mashuri-1) utilizando dados experimentais de campo de 6 anos (2008 a 2016) da ARL Research Farm, Patna. O valor observado do rendimento de grãos foi de 6230 kg ha^{-1}, enquanto o rendimento de grãos simulado pelo modelo variou entre 4900 e 5640 kg ha^{-1}. Ao longo dos 6 anos de simulação, o modelo sobrestimou o rendimento de grãos em todos os anos de simulação, exceto nos anos de 2009 e 2013, em que o modelo subestimou o rendimento.

Patel K.G. (2018) realizou uma experiência de calibração e validação do modelo CROPGRO para o grão-de-bico nas condições ambientais do sul de Gujarat. Os resultados mostraram que o modelo CROPGRO sobrestima a altura da planta, as vagens m^{-2}, o rendimento de sementes e de palha, mas o número de vagens de $sementes^{-1}$ e o índice de colheita foram subestimados pelo modelo nas diferentes datas de sementeira.

Singh *et al.* (2018) calibraram e validaram o modelo CANEGRO para avaliar o rendimento e os estádios fenológicos da cana-de-açúcar em dois locais diferentes (Faridkot e Gurdaspur). Os resultados revelaram que em Faridkot e Gurdaspur, o rendimento de cana fresca simulado foi de 90,3 e 105,6 t ha^{-1}, enquanto o rendimento de cana fresca observado foi de 89,8 e 98,6 t ha^{-1}, respetivamente. A média de dias observados para atingir a maturidade fisiológica foi de 297 em Faridkot e 298 dias em Gurdaspur. O modelo CANEGRO simulou 305 e 304 dias, respetivamente. O valor RMSE é inferior a 8,65, o que confirma que o modelo foi muito exato na previsão da produção e dos dias em ambos os locais.

Pandey *et al.* (2019) realizaram a experiência de avaliação do modelo CROPGRO- Chickpea. Relataram que o modelo de simulação de crescimento de culturas DSSAT sobrestimou os dias necessários para a antese, a formação da primeira vagem, a formação da primeira semente, os dias necessários para a maturidade fisiológica, o peso do teste, o rendimento das sementes, o rendimento da palha e o índice de colheita, enquanto o modelo subestimou o índice de área foliar e o rendimento de biomassa da cultura do grão-de-bico.

Singh e Anurag (2019) realizam uma experiência de calibração e validação do modelo DSSAT para o arroz (var. NDR-359, NDR-97 e SARJU-52) utilizando dados experimentais de 6 anos (2012-2018) em Prayagraj. Os atributos de rendimento simulados pelos modelos foram comparados com os dados observados e os resultados revelaram que o rendimento simulado das sementes de arroz foi sobrestimado pelo modelo.

Mote *et al.* (2020) realizaram experiências de calibração e validação do modelo CROPGRO-peanut (DSSAT V.4.6) para o amendoim de verão em condições médias de Gujarat durante 2015-2016. O experimento foi estabelecido em um projeto de parcela dividida com três datas de semeadura, *ou seja*, (D1- 31 st de janeiro, D2-15 th de fevereiro, D3- 02 nd de março) como tratamentos de parcela principal e quatro cultivares *viz.*, (V1-GG 2, V2-GG 20, V3-GJG 31 e V4-TG 26) como tratamento de subparcela com quatro replicações. O resultado mostrou que, durante 2015, o rendimento máximo de vagens (2093 kg ha^{-1}) foi registado na segunda data de sementeira (15 de fevereiro) e foi estatisticamente igual à primeira data de sementeira (31st de janeiro) (1927 kg ha^{-1}) e o rendimento mais baixo de vagens (1724 kg ha^{-1}) foi registado na terceira data de sementeira (02nd de março).

Singh *et al.* (2020) calibraram e validaram o modelo CERES-trigo para o estudo do impacto dos parâmetros meteorológicos nos rendimentos e dias de floração nas condições agroclimáticas da Zona de Planície do Nordeste da Índia. Os valores do índice de concordância (d), RMSE e NRMSE são 0,961, 199,25 e 5,17, respetivamente, para o rendimento e 0,970, 4,37 e 4,35 para os dias de floração. Os rendimentos de grãos observados variaram de 642 kg ha^{-1} (Pantnagar) a 2265 kg ha^{-1} (Ludhiana), dependendo do local, enquanto os rendimentos de grãos simulados variaram de 580 kg ha^{-1} (Pantnagar) a 1984 kg ha^{-1} (Ludhiana). Com base neste resultado, pode concluir-se que o modelo CERES previu rendimentos de grãos inferiores em 15% aos rendimentos medidos (subestimação) e que os modelos têm um desempenho agradável e são adequados para simular os efeitos das alterações climáticas nos rendimentos do trigo.

Rana S. (2021) efectuou uma experiência de avaliação do modelo CROPGRO para a cultura de grama verde na época *da colheita,* em Pantnagar. Os resultados revelaram que o modelo CROPGRO sobrestima a altura da planta, a produção de palha e a produção de sementes e que o modelo CROPGRO subestima a iniciação floral, a maturidade fisiológica e a maturidade da colheita nas diferentes datas de sementeira.

2.5 Análise de sensibilidade dos modelos

Lal *et al.* (1999) estudaram o impacto das alterações climáticas no rendimento e crescimento da soja, utilizando o modelo CROPGRO-soybean. Projectaram um aumento de 50% no rendimento da soja com a duplicação do nível de CO_2 na Índia central. Devido à duplicação da concentração de CO_2, um aumento da temperatura do ar à superfície de +3°C resulta na redução da duração total da cultura (e, por conseguinte, na redução da produtividade), induzindo uma floração precoce e encurtando o período de crescimento dos grãos. Um decréscimo de 10% na quantidade de precipitação diária deverá reduzir este ganho no rendimento da soja para cerca de 32%. O stress hídrico agudo devido a períodos de seca prolongados durante a estação das monções pode ser um fator crítico para a produção de soja.

Pandey *et al.* (2007) revelaram que o rendimento do grão, que é simulado pelo modelo CERES-trigo, diminui (-31% do rendimento de base 3837 kg $ha^{-1)}$ com o aumento da temperatura máxima (+1 a +3 °C), enquanto a temperatura mais baixa aumenta o rendimento (até 19%). O rendimento aumenta linearmente até 40% com o aumento da radiação solar, enquanto o rendimento diminui até -50% com a diminuição da radiação solar. Verificou-se também que o rendimento do grão aumenta até 68% quando a concentração de CO_2 é duplicada.

Shamim *et al.* (2010) estudaram o impacto do fotoperiodismo, da radiação solar, da concentração de CO_2, da temperatura máxima e mínima no rendimento do arroz através da análise de sensibilidade do modelo CERES-Rice. A experiência foi realizada durante a estação *kharif* de 2007-08 com quatro cultivares de arroz diferentes (Pankhali, Narmada, GR-104 e Pusa Basmati-1) e transplantadas em três datas diferentes (8 e 22 de julho e 8 de agosto). Os autores relataram que o rendimento de grãos simulado aumentou com o aumento da duração do dia, da radiação solar e da redução da temperatura máxima e mínima. O rendimento de grãos simulado aumenta até 27,9% do rendimento de base com o aumento da concentração de CO_2 até 410 ppm.

Kumar *et al.* (2014) estudaram o impacto da variabilidade climática utilizando os modelos CROPGRO-grama preta e CERES-trigo para a região de Tarai de Uttarakhand, na Índia. Os autores referiram que os modelos CERES-trigo e CROPGRO-grama preta simularam satisfatoriamente os efeitos da temperatura, da radiação solar, da duração do dia e da concentração de CO_2 no rendimento. O aumento da radiação solar de 1 a 3 MJ m^{-2} dia^{-1} para a grama preta mostrou uma diminuição do rendimento de 12 a 28%, enquanto a diminuição da radiação solar de 1 a 3 MJ m^{-2} dia^{-1} mostrou um aumento gradual do rendimento de 1 a 23% da grama preta. O aumento dos níveis de CO_2 mostrou um aumento gradual do rendimento de 1803 a 2083 kg ha^{-1}, embora a diminuição do nível de CO_2 em -120, -220 e -320 ppm o rendimento tenha diminuído de 28 a 90% para a cultura da grama preta. Os resultados do modelo CERES para o trigo mostram que o aumento da radiação solar de 1 a 3 MJ m^{-2} dia^{-1} corrobora o aumento do rendimento, enquanto a diminuição da radiação solar de 1 a 3 MJ m^{-2} dia^{-1} mostra um declínio gradual do rendimento. Diminuindo o nível de CO_2 em -120 ppm, o rendimento do trigo foi de 2832 kg ha^{-1}, em -220 ppm o rendimento foi de 608 kg ha^{-1} e em -320 ppm o rendimento simulado foi de apenas 29 kg ha^{-1}.

Patel *et al.* (2015) estudaram o impacto das alterações climáticas em diferentes culturas (trigo, milho, painço, arroz e amendoim) de Gujarat, utilizando os modelos DSSAT e InfoCrop. Revelaram que a redução máxima de rendimento (-61%) foi registada no trigo e a mais baixa (menos de -8%) no milho-miúdo. O milheto de pérola será menos afetado (8%) no verão do que na estação *kharif* (-14%) e o milho será menos afetado (-8%) na estação *Rabi* do que na estação *kharif* (-47%).

Mishra *et al.* (2015) trabalharam na análise de sensibilidade de três cultivares (GW 322, GW 496 e GW 366) de *Triticum aestivum* e uma cultivar (GW 1139) de *Triticum durum* de trigo para estudar o impacto da alteração da duração da luz solar, da temperatura máxima e mínima no rendimento do trigo, utilizando o modelo WOFOST. Os resultados revelaram que a redução do rendimento foi de 24 a 29% com um aumento da temperatura máxima e mínima de +5 °C. O rendimento do grão aumentou (20 a 28%) com o aumento das horas de sol brilhante (2,5 horas/dia) em todas as cultivares. Entre as cultivares, a GW 496 foi a mais sensível à temperatura máxima e menos às horas de sol brilhante. Entre os diferentes estágios, o estágio de floração até a massa foi considerado o mais sensível.

Srivastava *et al.* (2016) estudam o impacto das alterações climáticas no rendimento e no crescimento do grão-de-bico, utilizando o modelo CROPGRO-chickpea. O grão-de-bico é cultivado em condições de regadio e de sequeiro com duas cultivares (JG 315 e JG 11). Os resultados revelaram que, com o aumento da temperatura máxima (+1 a +3 C) e mínima (+0,5 a +2 C) e da concentração de CO_2 (400 a 600 ppm), o rendimento aumentou de 102,8 para 187,7% em condições de regadio, mas em condições de sequeiro, verificou-se uma grande variabilidade entre os valores observados e simulados. O rendimento mais elevado do grão-de-bico foi observado na primeira data de sementeira (11 de outubro).

Yadav *et al.* (2016) estudaram o impacto das alterações climáticas no potencial de produção das *culturas kharif* (amendoim e ervilha-de-angola) e *Rabi* (tomate, batata, mostarda e grão-de-bico) utilizando o modelo DSSAT em Varanasi. Revelaram que a produtividade das culturas de ambas as estações diminui com o aumento da temperatura máxima e que a produtividade aumenta com o aumento da concentração de CO_2 nas culturas de ambas as estações. A produtividade mais elevada registou-se na mostarda (164%) na estação *Rabi* e a mais baixa na ervilha-de-angola (33%) na estação *kharif*, com o aumento da concentração de CO_2 até 760 ppm. A produtividade mais baixa diminuiu no tomate (4%) durante a estação *Rabi* e a produtividade mais alta diminuiu no feijão bóer (96%) durante a estação *kharif.*

Kumar *et al.* (2017) trabalharam na análise de sensibilidade do modelo DSSAT CROPGRO-Cotton para estudar o impacto da temperatura e da precipitação no rendimento da cultura do algodão durante a *estação kharif* de 2015-16 em Hisar. A experiência foi conduzida num desenho de parcelas divididas, a parcela principal consistia em três datas de sementeira (2nd & 3rd semana de maio e 1st semana de junho) e a subparcela consistia em três cultivares

(Pancham 541, SP 7121, e RCH 791). Os autores referiram que o aumento da temperatura máxima diária em +1 a +5 °*C* e a diminuição da temperatura mínima diária em -1 a -5 °C conduziram a uma diminuição do rendimento do algodão. O rendimento mais elevado é obtido em cultivares de algodão quando a temperatura máxima diminui de -1 a -5 °C e a temperatura mínima aumenta até +1 °C durante a época de cultivo. Aumento do rendimento do algodão com o aumento da precipitação e vice-versa.

Kumar ***et al.*** **(2017)** estudaram o impacto da variabilidade climática no rendimento do trigo e da grama preta, utilizando o modelo CROPGRO para a grama preta e o modelo CERES para o trigo, nas condições climáticas da região de Tarai, em Uttarakhand. O rendimento simulado de uma grama preta pelo modelo CROPGRO aumenta (1 a 18%) e diminui (12 a 15%) com a diminuição e o aumento da radiação solar, respetivamente, enquanto o rendimento diminui de 1380 para 860 kg ha^{-1} (13 a 45%) e aumenta (4,17 a 19%) com o aumento gradual (+1 a +3 C) e a diminuição (-1 a -3 C) da temperatura máxima, respetivamente. O aumento do nível de CO_2 mostrou um aumento gradual no rendimento simulado, variando de 1803 a 2083 kg ha^{-1}, e um declínio no nível de CO_2 (-120 ppm) a partir da base pode causar uma redução no rendimento da grama preta (28%). O rendimento do trigo simulado pelo modelo CERES aumenta e diminui com o aumento e a diminuição da radiação solar, respetivamente. Com uma diminuição do nível de CO_2 de - 120 ppm em relação à base, o rendimento simulado diminuiu 28%.

Patil ***et al.*** **(2017)** investigaram que um aumento na temperatura máxima de +1 a +5 C, o rendimento do grão-de-bico simulado pelo modelo CROPGRO diminuiu até - 23,3% e o rendimento aumentou de 1,2% a 17,8% com a diminuição da temperatura máxima de -1 C a -5 C. O rendimento das sementes aumentou até 26,6% com a diminuição da temperatura mínima até -5 C. O aumento do rendimento das sementes variou de acordo com o aumento do CO_2 elevado, sendo o maior rendimento registado a 550 ppm (20,3%) e o menor rendimento registado a 450 ppm (7,0%) de concentração de CO_2.

Yadav ***et al.*** **(2017)** utilizaram o modelo PNUTGRO para estudar o impacto das alterações climáticas projectadas no amendoim (cv. Robut 33-1 e GG-2) na estação de Anand, no centro de Gujarat. Os autores referiram que a temperatura média máxima e mínima será superior em 3,6 e 5,1 °C em comparação com a temperatura de base de 19,1 e 29,8 °C, respetivamente. Quase 21 e 31% de redução do rendimento das vagens foram observados em Robut 331 e GG-2 em comparação com o seu rendimento de base durante o período projetado.

Pandey ***et al.*** **(2019)** trabalham na análise de sensibilidade dos atributos de rendimento e crescimento do grão-de-bico durante a estação *Rabi*, utilizando o modelo DSSAT em Faizabad. A experiência foi conduzida num esquema de parcelas divididas com três datas diferentes de sementeira (26 de outubro, 10 e 25 de novembro) como tratamento da parcela principal e três variedades (Pusa-362, PG-186 e Awarodhi) como tratamentos da subparcela. Os resultados revelaram que o aumento do rendimento de grãos simulado com a diminuição da temperatura máxima até 1 a 5C e da temperatura mínima em 1 C acima da temperatura normal e o maior rendimento relatado na semeadura oportuna (26 th de outubro).

Patil ***et al.*** **(2019)** calibraram e validaram o modelo CROPGRO-cotton utilizando dados experimentais de campo de seis anos (2011 a 2016) para o estudo do impacto das alterações climáticas no rendimento do algodão em caroço. A análise de sensibilidade foi efectuada através da alteração incremental da temperatura máxima e mínima -3 a +3 C e da precipitação -25 a +25 C em duas cultivares de algodão (DCH 32 e G. Cot. Hy.102). O aumento da temperatura máxima e mínima de +3 C causa uma redução no rendimento do algodão em caroço de até -13,1% e -12,1%, respetivamente, na DCH 32. A diminuição da temperatura máxima e mínima -3 C pode causar um impacto positivo no rendimento do algodão em caroço de 10,9% e 10,2%, respetivamente, em G. Cot. Hy.102. Aumentar o rendimento do algodão em caroço com o aumento da precipitação. A percentagem de erro é inferior a 10, pelo que o modelo CROPGRO pode ser utilizado para estudar o impacto dos parâmetros meteorológicos na produção no centro de Gujarat.

Kaur *et al.* (2019) estudam os possíveis dados climáticos (temperatura e precipitação) em diferentes cenários (A1B para meados do século e A2 e B2 para o final do século) para estudar o seu impacto na produção de milho, utilizando o modelo CERES-maize em seis locais do Punjab. O modelo simulou a diminuição do rendimento e da duração da cultura do milho (10 a 22 dias) em meados e finais do século devido ao aumento da temperatura e da precipitação no final do século (2071 a 2100). Verificou-se que a redução da duração da colheita e do rendimento dos grãos era maior nos cenários A1B e A2 (cenário de emissões elevadas), seguido do cenário B2 (cenário de emissões reduzidas), devido aos efeitos adversos na fisiologia das culturas.

2.6 Calcular os índices térmicos em função da fenologia das culturas

Sreenivas *et al.* (2010) calcula a radiação e a eficiência da utilização do calor de acordo com a fenologia do arroz. A experiência foi conduzida durante as épocas de *colheita* de 2003 e 2004 em Rajendranagar, num esquema de parcelas divididas. A cultura foi semeada em quatro datas diferentes (16 e 26 de junho e 07 e 18 de julho) como parcelas principais e duas variedades (Jagtiala Sannalu e Polasa Prabha) como tratamentos de subparcelas. As cultivares Jagtiala Sannalu e Polasa Prabha têm maior eficiência no uso do calor (6,61 e 6,29 kg/C dia) e eficiência no uso da radiação (6,28 e 5,88 kg M/J) foram obtidas na cultura semeada a 16 de junho em ambas as épocas e diminuem com o atraso da sementeira. O arroz semeado cedo (16 de junho) necessitou de menos dias (126) e unidades de AGDD e HTU para atingir a maturidade fisiológica.

Gowda *et al.* (2013) estudaram o impacto das datas de sementeira e do sistema de cultivo nas necessidades térmicas do milho durante as épocas de *colheita* de 2010 e 2011 em Dharwad. A cultura foi semeada em quatro datas (primeira e segunda quinzenas de junho e julho) com quatro sistemas de cultivo (intercalação de milho e feijão-frade 2:1, 2:2, 4:2 e cultivo exclusivo de milho). Os resultados mostraram que o milho semeado atempadamente (1ª quinzena de junho) levou um número máximo de dias (111), GDD, e HUE para atingir a maturidade em comparação com o atraso na sementeira. Entre os vários sistemas de cultivo, o milho solteiro levou um maior número de dias e GDD para completar a maturidade fisiológica, enquanto que a maior eficiência de uso do calor (HUE) foi registada com o milho cultivado em associação com o feijão bóer, independentemente da proporção da linha.

Gudadhe *et al.* (2013) avaliaram os índices agrometeorológicos de acordo com a fenologia das culturas de algodão e grão-de-bico durante as épocas *kharif* e *Rabi* de 2006-07 e 2007-08 em Rahuri. As unidades necessárias de GDD, PTU, HTU e PTI para atingir a maturidade foram mais elevadas na cultura do algodão do que na cultura do grão-de-bico em ambas as épocas. Em ambas as culturas, a eficiência do uso do calor (HUE maior no grão-de-bico do que no algodão) e a produção de sementes foram maiores na segunda estação (2007-08).

Pal *et al.* (2013) avaliaram os índices agrometeorológicos do trigo em diferentes datas de sementeira. Concluíram, por conseguinte, que a cultura do trigo semeada a 20 de novembro (normal) necessita de menos unidades fototérmicas e unidades heliotérmicas, ao passo que a sementeira a 09 de janeiro (tardia) exige mais PTU e HTU durante o período de crescimento da cultura.

Kumar *et al.* **(2014)** calcula os índices térmicos, *ou seja*, GDD, PTU, HTU e PTI, de acordo com a fenologia do trigo e da grama preta para a avaliação do rendimento de ambas as culturas durante as estações de 2007-08 e 2008-09 em Pantnagar. A cultura do trigo foi semeada em 18 de novembro de 2007 e 1 [de] novembro de 2008 durante a época de *Rabi* e a cultura da grama preta foi semeada em 7 de julho de 2007 e 20 de julho de 2008, durante a época de *kharif.* Na época de 2008-09, a cultura do trigo necessitou de mais unidades e a cultura da urdidura necessitou de menos unidades de GDD, PTU, HTU e PTI, em comparação com a época de 2007-08. A média da eficiência da utilização do calor (HUE) foi mais elevada em 2007-08 para ambas as culturas e foi registado um rendimento mais elevado para ambas as culturas em 200708.

Singh *et al.* **(2015)** calcula os índices térmicos, *nomeadamente* os graus-dia de crescimento acumulados (AGDD), as unidades fototérmicas acumuladas (APTU) e as unidades heliotérmicas acumuladas (AHTU) para a grama verde durante a época de *colheita* de 2012 na PAU, Ludhiana. A experiência foi conduzida num esquema de parcelas divididas, com quatro épocas de sementeira (1, 10, 20 e 30 de julho) na parcela principal, duas variedades (PAU 911 e ML 818) e duas geometrias de plantação (30 cm x 10 cm e 22,5 cm x 10 cm) como tratamento de subparcelas. A cultura semeada a 1 de julho com um espaçamento de 30 cm x 10 cm registou uma maior acumulação de matéria seca e altura de planta e exigiu índices térmicos mais elevados. A cultivar PAU 911 levou menos dias para completar os estágios de crescimento e exigiu índices térmicos menores em comparação com a cultivar ML 818.

Mote *et al.* **(2015)** calcula os índices agrometeorológicos, ou seja, unidades fototérmicas (PTU), unidades heliotérmicas (HTU), índice fototérmico (PTI), unidade de grau de energia (EDU) de acordo com diferentes estágios fenológicos de cultivares de arroz e diferentes datas de transplante sob condições climáticas de Navsari. O tratamento consistiu em três cultivares (Jaya, Gurjari e GNR-2) com três datas de sementeira ('12 e 27 de julho e 11 de agosto). Os resultados revelaram que o valor mais elevado dos índices térmicos, *nomeadamente* PTU, HTU, PTI e EDU, desde a emergência até à maturidade fisiológica, foi registado na primeira data de sementeira (12 de julho) e diminuiu com o atraso da sementeira. A maior eficiência de utilização do grau de energia (EDUE) foi registada na segunda data de sementeira (27 de julho) na cultivar Jaya, seguida da primeira data de sementeira (12 de julho).

Rajbongshi *et al.* **(2016)** estudaram o impacto dos índices térmicos na fenologia e na produção de sementes das variedades de ervilha-de-angola (BC (local), ICPL 88039) durante as épocas de *colheita* de 2012-13 e 2013-14 em Anand. Ambas as variedades foram semeadas em três datas diferentes, com intervalos de dez dias, a partir de 3 [rd] de junho a 23 [rd] de junho. O valor de GDD desde a sementeira até à maturação foi superior na primeira época de colheita (2012) no caso da BC (local), enquanto na ICPL 88039, os GDD foram superiores na segunda época de colheita (2013). Quando a cultura foi semeada a 13 de junho em ambas as épocas, o rendimento das sementes e os valores da eficiência do uso do calor (para ambas as variedades) foram comparativamente mais elevados na segunda época de colheita. O maior rendimento de sementes foi registado na variedade BC (local) (10,1 q ha^{-1}) em comparação com a ICPL 88039 (9,5 q ha^{-1}).

Chakraborty *et al.* **(2017)** calculam a eficiência do uso térmico para ajustar a data ideal de transplante sob diferentes regimes de irrigação para o arroz Boro durante as estações de 2014 e 2015. O arroz (cv. Shatabdi) foi transplantado em 24 de janeiro, 7 de fevereiro e 21 de fevereiro. Os resultados revelaram que a cultura do arroz levou 90 dias para atingir a maturidade em ambas as estações e a eficiência do uso térmico foi maior (0,41) na segunda estação (2015) da primeira data de transplante (24 th de janeiro) sob o primeiro regime de irrigação (9 a 10 número de irrigações durante 20 a 65 dias de transplante). O maior rendimento foi registado quando a cultura foi transplantada a 24 de janeiro.

Tijare *et al.* (2017) calcula os índices térmicos e a eficiência do uso do calor da grama verde de verão sob as diferentes datas de semeadura. Eles revelaram que os valores de GDD, PTU, HTU e HUE estavam aumentando em tendência com o atraso da semeadura.

Bhuva *et al.* (2018) calcula as necessidades térmicas do milho-miúdo nas condições climáticas da região de Saurashtra durante as estações de verão de 2011 a 2013. A experiência foi realizada num esquema de parcelas divididas com três datas de sementeira (15 de fevereiro, 2 de março e 17 de março) como tratamentos da parcela principal e três variedades de milho-miúdo (GHB 558, GHB 538 e Proagro 9444) como tratamentos da subparcela. A elevada necessidade térmica (GDD, HTU e PTU) no caso de sementeira precoce e a maior necessidade na variedade GHB 558 entre todas as variedades. Projetaram que a necessidade térmica e os dias para a floração diminuem com o atraso na sementeira (17 de março). O milheto pérola semeado cedo (15 de fevereiro) registou o máximo de dias de calendário, HUE e rendimento de grãos.

Chaudhari *et al.* (2019) calcula os índices térmicos, *nomeadamente*, GDD, PTUE, HTUE e EDUE, de acordo com os estádios fenológicos do arroz durante a estação *kharif* de 2016 em Navsari. A sementeira do arroz é feita em duas datas com duas cultivares (GNR-3 e NAUR-1). Os autores referiram que ambas as cultivares apresentam valores mais elevados de índices térmicos quando são semeadas a 18 de junho e que os valores mais baixos de índices térmicos foram observados a 28 de junho. Na sementeira tardia (28 de junho), ambas as cultivares têm o valor mais elevado de eficiência do uso do calor em comparação com a sementeira precoce (18 de junho).

Medhi *et al.* (2019) fizeram uma experiência sobre o impacto dos índices agrometeorológicos, *nomeadamente* GDD, HTU, PTI e HUE, na fenologia e no rendimento da cultura do arroz nas condições climáticas da zona superior do vale do Brahmaputra, em Assam, durante a época de *colheita* de 2015. Nas primeiras datas de sementeira (26 de junho) O GDD foi relativamente mais elevado nas cultivares TTB-404 do que em Luit e o GDD diminuiu em ambas as cultivares com o atraso nas datas de sementeira. O maior rendimento de grãos foi registado em ambas as cultivares na segunda data de sementeira (11 de julho). O rendimento de grãos e a eficiência do uso do calor são comparativamente maiores na cultivar TTB-404 do que na Luit.

Kumar *et al.* (2020) estudaram o impacto dos índices térmicos na fenologia e no rendimento da grama verde em diferentes datas de sementeira. As quatro variedades de grama verde (Samrat, Meha, Sonali, Sukumar) foram semeadas em quatro datas (1 st, 15 th de fevereiro e março) durante a estação *pré-kharif* de 2016. A média de dias necessários para atingir a maturidade de todas as variedades foi de 74,8 dias (da sementeira à emergência, iniciação das flores e iniciação das vagens foi de 4,4, 43,5 e 53,3 dias, respetivamente). Os resultados revelam que a sementeira tardia (15 de março) diminui a duração da grama verde e aumenta as unidades médias GDD, HTU e PTU. A grama verde (Sukumar) semeada a 1 de março produziu o maior rendimento de grãos (762,5 kg ha^{-1}) e o teor de proteínas não foi afetado pelos índices térmicos.

CAPÍTULO 3

MATERIAIS E MÉTODOS

Os pormenores do material utilizado, os métodos experimentais seguidos e as técnicas adoptadas durante a investigação sobre "Calibração, validação e análise de sensibilidade do modelo DSSAT CROPGRO-Green gram para a grama verde em diferentes ambientes de cultivo na região de Navsari, no Sul de Gujarat" são apresentados a seguir.

3.1 Sítio experimental

A experiência de campo foi realizada na Quinta Agronómica (Bloco E), N.M. College of Agriculture, Navsari Agricultural University, Navsari, durante a estação *Rabi* 2021-2022.

O campus da Universidade Agrícola de Navsari está situado a 20^0 57' de latitude N e 72^0 54' de longitude E, com uma elevação de 11,98 m acima do nível médio do mar. O local situa-se a 12 km, a leste, do grande local histórico "Dandi", na costa da Arábia.

3.2 Clima e condições meteorológicas

De acordo com as condições agro-climáticas, Navsari insere-se na situação agro-ecológica III da zona de precipitação intensa do Sul de Gujarat, caracterizada por um verão bastante quente, um inverno ameno e uma monção quente e húmida com precipitação intensa. A precipitação média anual recebida durante a monção é de cerca de 1633 mm (média dos últimos dez anos). Em geral, a precipitação nesta região é intensa e começa na segunda quinzena de junho e termina em meados de setembro. A maior parte da precipitação é recebida da monção do sudoeste, a precipitação é bem distribuída ao longo de toda a estação *da kharif*, mas a maior parte da chuva é recebida durante julho e agosto. Não são raras as chuvas de pré-monção na última semana de maio ou na primeira semana de junho. O número total de dias de chuva é de cerca de 59 (média dos últimos dez anos).

O início da estação do inverno é normalmente por volta do final de outubro. A temperatura começa a descer nas duas primeiras semanas de novembro e atinge o seu ponto mais baixo em dezembro ou janeiro, sendo estes os meses mais frios do ano. O verão começa em meados de fevereiro e prolonga-se até às duas primeiras semanas de junho. A temperatura começa a subir em fevereiro e atinge o seu ponto mais alto em abril e maio, sendo estes os meses mais quentes do ano.

Fig. 3.1: Localização do sítio experimental (Quinta Agronómica, NAU, Navsari)

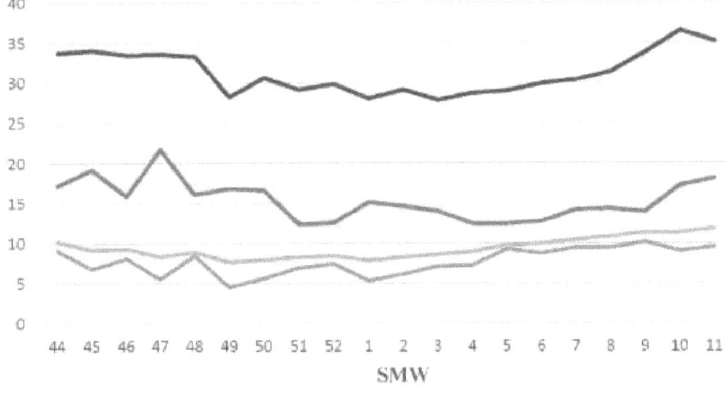

Fig. 3.2: Dados meteorológicos semanais durante a época de colheita do ano 2021-22

3.3 Caraterísticas do solo

O solo do Sul de Gujarat é conhecido localmente como "solos negros profundos" e o solo do campus de Navsari, onde a experiência foi efectuada, pertence ao grande grupo dos Ustochrepts e foi colocado na série de solos de Jalalpur. Estes solos são dominados pelo mineral argiloso montmorilonite, que racha fortemente após a secagem. O solo do sítio experimental era de tipo castanho-acinzentado escuro, caracterizado por uma topografia plana com drenagem média a fraca e boa capacidade de retenção de água.

Antes da sementeira, foram recolhidas amostras representativas do solo a uma profundidade de 0-30 cm em toda a área do sítio experimental. Estas amostras de solo foram secas ao ar e peneiradas através de um peneiro de 2 mm depois de serem trituradas com um almofariz e um pilão de madeira. A amostra composta foi preparada e depois analisada relativamente a várias propriedades físico-químicas do solo (Quadro 3.1).

Os dados apresentados no quadro 3.1 mostram que o solo do campo experimental era de textura argilosa, com baixo teor de azoto disponível, médio teor de fósforo disponível e elevado teor de potássio disponível. A condutividade eléctrica do solo é normal e a reação do solo é ligeiramente alcalina.

Quadro 3.1: Propriedades físico-químicas iniciais do solo do campo experimental

Particularidades	Profundidade	Método de análise

	do solo (0-30 cm)	
1. Propriedades físicas		
Areia (%)	12.32	Método internacional de pipetas
Silte (%)	23.26	
Argila (%)	64.42	
Classe textural (%)	Argila	
2. Propriedades químicas		
CE (1:2,5 solo: água) (dS/m)	0.38	Condutométrico (Jackson, 1973)
pH do solo (rácio solo: água de 1:2,5)	7.68	Medidor de pH potenciométrico (Jackson, 1973)
Carbono orgânico (%)	0.52	Método Walkley e Black (Jackson, 1973)
N disponível (kg/ha)	238	Método alcalino do KMnO4 (Subbiah e Asija,1956)
P2O5 disponível (kg/ha)	50	Espectro fotométrico (Olsen, 1954)
K2O disponível (kg/ha)	356	Método fotométrico de chama (Jackson, 1973)

3.4 Cultura e variedades

A presente investigação foi efectuada em três variedades de grama verde, nomeadamente CO-4, GBM-1 e GM-7. Das três, GBM-1 (2008) e GM-7 (2018) foram desenvolvidas e lançadas pela Mega Seed Pulses and Castor Research Unit, Navsari Agricultural University, Navsari, e a restante variedade CO-4 (1981) foi lançada pela Tamil Nadu Agricultural University, Coimbatore (Quadro 3.2).

Quadro 3.2: Pormenores das variedades CO-4, GBM-1 e GM-7

S. NÃO	Personagens	CO-4	GBM-1	GM-7
1	Altura da planta (cm)	50-60	60-65	30-40
2	Dias até 50 % de floração	55-60	60-65	50-55
3	Dias de vencimento	85-90	102-105	75-80
4	Cor da semente	Verde baço	Preto	Verde brilhante
5	Época adequada	*Rabi*	*Rabi*	verão e *Kharif*
6	Rendimento das sementes (kg ha^{-1})	1250-1500	1100-1200	1060-1150
7	Saliente caraterísticas	Elevada biomassa, adequada para condições de sequeiro	Moderadamente resistente ao mosaico das nervuras amarelas do feijão-mungo,	Tem um elevado potencial de rendimento e é resistente à doença do mosaico do veio

			adequado para terras húmidas e cultivo de pousios de arroz	amarelo do feijão-mungo.

3.5 Detalhes experimentais

A fim de estudar a **"Calibração, validação e análise de sensibilidade do modelo DSSAT CROPGRO-Green gram para grama verde em diferentes ambientes de cultivo da região de Navsari, no sul de Gujarat"**, foi realizada uma experiência de campo durante a estação *rabi* do ano 2021-22. Os pormenores da experiência são apresentados a seguir.

3.5.1 Tratamentos

Os pormenores dos tratamentos são apresentados a seguir:

I) <u>Tratamentos da parcela principal</u>

A) Fator A (Variedades de grama verde)

V **1:** CO-4

V **2:** GBM-1

V **3:** GM-7

B) Fator B (Gestão de Fertilizantes)

F1: 15:30:00 NPK kg/ha (75% da dose recomendada de fertilizante)

F2: 20:40:00 NPK kg/ha (100% da dose recomendada de fertilizante)

II) Tratamentos das subparcelas (Datas de sementeira)

D1: 27th de outubro

D2: 11th novembro

D3: 26 de novembro

Tabela 3.3: Pormenores experimentais:

1.	Culturas e variedades	: Greengram, 1) CO-4 2) GBM-1 3) GM-7
2.	Ano de início	: *Rabi* - 2021- 22
3.	Total de combinações de tratamento	: 18
4.	Conceção	: Conceção de parcelas divididas (SPD)
5.	Replicações	: Três (3)
6.	Tamanho da parcela	: Bruto: 4,5 m x 4,0 m Rede: 3. 6 m x 3,0 m
7.	Área experimental total	: 1216 m^2
8.	Espaçamento	: 30 cm x 10 cm
9.	Taxa de sementeira	: 20 kg/ha
10.	Datas de sementeira	**D1:** 27/10/2021 **D2:** 11/11/2021 **D3:** 26/11/2021
11.	Método de sementeira	: Semeadura em linha
12.	Dose de adubo	: **F1:** 15-30-00 N-P-K kg/ha **F2:** 20-40-00 N-P-K kg/ha

3.5.2 Conceção e esquema experimental

A experiência foi efectuada num esquema de parcelas divididas com três repetições. O esquema é apresentado na Fig. 3.3.

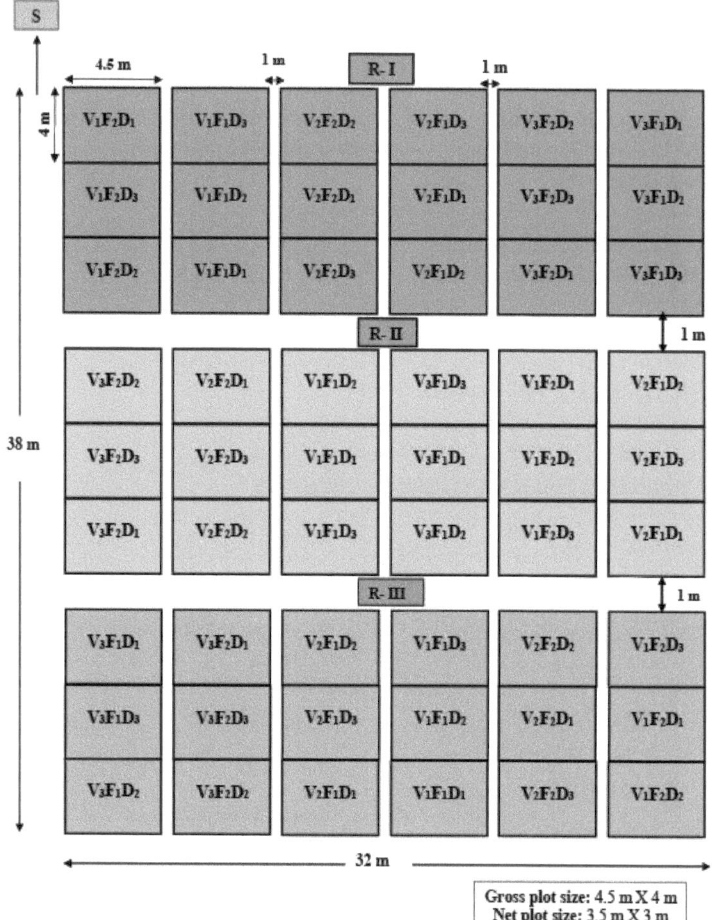

Dimensão bruta da parcela: 4,5 m X 4 m
Tamanho líquido do terreno: 3,5 m X 3 m
Área total: 1216 m^2

Fig. 3.3: Esquema experimental

Tabela 3.4: Pormenores das combinações de tratamento

Sr. Não.	Variedades	Dose de fertilizante	Datas de sementeira	Código
1	V1 (CO 4)	F2(20:40:00 NPK Kg ha^{-1})	D1 (27th outubro)	V1F2D1
2	V1 (CO 4)	F1 (15:30:00 NPK Kg ha^{-1})	D1 (27th outubro)	V1F1D1
3	V1 (CO 4)	F2 (20:40:00 NPK Kg ha^{-1})	D2 (11th novembro)	V1F2D2

4	V1 (CO 4)	F1(15:30:00 NPK Kg ha^{-1})	D2 (11th novembro)	V1F1D2
5	V1 (CO 4)	F2(20:40:00 NPK Kg ha^{-1})	D3 (26th novembro)	V1F2D3
6	V1 (CO 4)	F1(15:30:00 NPK Kg ha^{-1})	D3 (26th novembro)	V1F1D3
7	V2 (GBM 1)	F1(15:30:00 NPK Kg ha^{-1})	D1 (27th outubro)	V2F1D1
8	V2 (GBM 1)	F2(20:40:00 NPK Kg ha^{-1})	D1 (27th outubro)	V2F2D1
9	V2 (GBM 1)	F1(15:30:00 NPK Kg ha^{-1})	D2 (11th novembro)	V2F1D2
10	V2 (GBM 1)	F2(20:40:00 NPK Kg ha^{-1})	D2 (11th novembro)	V2F2D2
11	V2 (GBM 1)	F1(15:30:00 NPK Kg ha^{-1})	D3 (26th novembro)	V2F1D3
12	V2 (GBM 1)	F2(20:40:00 NPK Kg ha^{-1})	D3 (26th novembro)	V2F2D3
13	V3 (GM 7)	F1(15:30:00 NPK Kg ha^{-1})	D1 (27th outubro)	V3F1D1
14	V3 (GM 7)	F2(20:40:00 NPK Kg ha^{-1})	D1 (27th outubro)	V3F2D1
15	V3 (GM 7)	F2(20:40:00 NPK Kg ha^{-1})	D2 (11th novembro)	V3F2D2
16	V3 (GM 7)	F1(15:30:00 NPK Kg ha^{-1})	D2 (11th novembro)	V3F1D2
17	V3 (GM 7)	F1(15:30:00 NPK Kg ha^{-1})	D3(26th novembro)	V3F1D3
18	V3 (GM 7)	F2(20:40:00 NPK Kg ha^{-1})	D3(26th novembro)	V3F2D3

3.6 Práticas de gestão das culturas

Durante a estação de crescimento das culturas, foram efectuadas diferentes práticas de gestão das culturas em fases adequadas do cultivo, que são mencionadas a seguir com os títulos adequados.

3.6.1 Preparação do terreno

O terreno do campo experimental foi preparado através da remoção dos restolhos da cultura anterior com uma charrua de aiveca puxada por trator. A sementeira foi preparada com instalações de drenagem e irrigação adequadas.

3.6.2 Sementeira e espaçamento

As três datas de sementeira foram 27 th de outubro e 11 th e 26 th de novembro, com um espaçamento de 30 cm entre linhas e 10 cm entre plantas.

3.6.3 Aplicação de fertilizantes

Foram dadas duas doses diferentes de fertilizantes para todas as variedades. As doses de fertilizantes aplicadas de acordo com os tratamentos são apresentadas no Quadro 3.5.

Quadro 3.5: Doses de fertilizante (kg/ha) para o campo experimental

Doses de fertilizantes	N2	P2O5	K2O
Fi	15	30	00
F2	20	40	00

Os fertilizantes utilizados nesta experiência foram o superfosfato simples (SSP) para o P2O5 e a ureia para o N2. A dose total de N2 e P2O5 foram aplicadas como doses basais no momento da semeadura. Após 20 dias da semeadura, iniciou-se a formação de nódulos radiculares, capazes de fixar o nitrogênio atmosférico em estágios posteriores da cultura.

3.6.4 Operação de sacha

Foram efectuadas duas operações de monda manual na cultura da grama verde para manter as condições de ausência de ervas daninhas durante a época de cultivo.

3.6.5 Proteção das plantas

Para salvar a cultura da broca da vagem da grama e da broca manchada, foram efectuadas duas pulverizações de Monocrotophos 35 EC na fase de floração e desenvolvimento da vagem. Para proteger a cultura da doença do oídio e do vírus do mosaico das nervuras amarelas, foi feita uma pulverização de enxofre molhável e imidaclopride 17,8% SL 45 dias após a sementeira. **3.6.6 Colheita e debulha**

Quando a cultura amadureceu fisiologicamente, as cinco plantas previamente marcadas de cada parcela da rede foram colhidas primeiro e os seus produtos foram registados separadamente e depois adicionados ao rendimento da respectiva parcela da rede. A área anelar foi colhida primeiro e removida da área experimental. Em seguida, a área da parcela de rede foi colhida e o produto foi deixado a secar ao sol nas respectivas parcelas até se obter um peso constante.

A debulha foi efectuada manualmente, batendo nas plantas com a ajuda de um pau. Em seguida, as sementes foram limpas manualmente e o peso foi registado de acordo com os tratamentos.

Tabela 3.6: Calendário das operações de campo efectuadas durante a experiência

S. Não.	Acções culturais		Datas de funcionamento
(A)	**Operações de pré-sementeira**		
1 2 3	Lavoura por trator Lavoura e terraplanagem Marcação do terreno		20/10/2021 21/10/2021 25/10/2021
4	Abertura de filas	D1 D2 D3	27/10/2021 11/11/2021 26/11/2021
(B)	**Operações de sementeira e de manutenção**		
1	Semeadura	D1 D2 D3	27/10/2021 11/11/2021 26/11/2021
2	Aplicação de fertilizantes	D1 D2 D3	27/10/2021 11/11/2021 26/11/2021
3	1st Monda manual	D1 D2 D3	26/11/2021 06/12/2021 22/12/2021
4	2nd Monda manual	D1 D2 D3	22/12/2021 03/01/2022 19/01/2022
5	Colheita da variedade CO-4	D1 D2 D3	01/02/2022 20/02/2022 10/03/2022
6	Colheita da variedade GBM-1	D1 D2 D3	05/02/2022 25/02/2022 15/03/2022
7	Colheita da variedade GM-7	D1 D2 D3	12/01/2022 30/01/2022 16/02/2022

3.7 Observações agronómicas e fenológicas

Para registar as observações agronómicas e fenológicas, foram selecionadas e marcadas cinco plantas de cada parcela de rede de todos os tratamentos de uma das repetições. Em dias alternados, a fenologia foi observada.

3.7.1 Observações fenológicas

As observações fenológicas das plantas, como a emergência das sementes, o início da floração, o início das vagens, o início das sementes e a maturidade fisiológica, foram registadas através de visitas frequentes ao campo, desde a sementeira até à colheita. Após a sementeira, cinco plantas foram marcadas em cada subparcela para registar as datas de aparecimento de várias fenofases. **3.7.1.1 Altura da planta (cm)**

A altura das plantas da cultura de grama verde foi medida em cinco plantas selecionadas aleatoriamente de cada combinação de tratamento. A altura foi medida a partir da base da planta (nível do solo) até à ponta da folha superior mais aberta e, finalmente, foi registada a altura média das plantas (cm) de cada tratamento.

3.7.1.2 Número de ramos da planta^{-1}

O número de ramos foi registado em cinco plantas selecionadas aleatoriamente em cada combinação de tratamentos e o número médio de ramos em cada tratamento foi registado.

Foram efectuadas outras observações fenológicas que são mencionadas no quadro 3.7 **3.7.2 Caracteres de atribuição de rendimento**

Cinco plantas selecionadas aleatoriamente de cada tratamento foram utilizadas para registar observações sobre vários atributos de rendimento.

3.7.2.1 Número de vagens da planta^{-1}

O número de vagens planta^{-1} de cinco plantas selecionadas aleatoriamente de cada tratamento foi medido na colheita da cultura. Foi registado o número médio de vagens planta^{-1} de cada combinação de tratamentos.

3.7.2.2 Número de sementes por vagem^{-1}

Foi contado o número de sementes obtidas das vagens das cinco plantas selecionadas. O valor obtido foi dividido pelo número de vagens para obter o número médio de sementes por vagem.

3.7.2.3 Peso de 100 sementes (g)

Foi recolhida uma amostra composta de sementes da produção de sementes de cada parcela da rede, da qual foram contadas aleatoriamente 100 sementes e o seu peso foi registado separadamente para cada parcela de todas as repetições.

3.7.2.4 Rendimento das sementes ou rendimento económico (kg ha^{-1})

Depois de debulhar os produtos de cada parcela de rede, as sementes foram secas ao sol durante cinco dias e, em seguida, o seu peso foi medido. Este peso foi posteriormente convertido numa base hectare.

3.7.2.5 Rendimento de vagens (kg ha^{-1})

Após a colheita das vagens de cada tratamento, o rendimento das vagens foi registado em quilogramas por combinação de tratamento e depois convertido numa base hectare.

3.7.2.6 Peso da vagem (g)

As vagens foram colhidas em cinco plantas ao acaso e o peso das vagens foi registado separadamente para cada tratamento através do peso total das vagens dividido pelo número de vagens.

3.7.2.7 Índice de colheita (%)

O índice de colheita é a relação entre o rendimento económico (rendimento em sementes) e o

rendimento biológico
(rendimento em sementes + palha) por subparcela. O seu cálculo foi efectuado através da seguinte fórmula.

Índice de colheita (%) $= \frac{\text{Economic yield}}{\text{Biological yield}} \times 100$

Quadro 3.7: Parâmetros registados durante o inquérito

(A) Observações fenológicas	
1	Dias para a emergência das sementes
2	Dias até à primeira floração
3	Dias para o início da primeira vagem
4	Dias para o início da sementeira
5	Altura da planta (cm)
6	Número de ramos da planta^{-1}
7	Dias até à maturidade da colheita
(B) Atributos de rendimento	
1	Número de vagens da planta^{-1}
2	Número de sementes da vagem^{-1}
3	100 peso da semente (g)
4	Rendimento de sementes (kg ha^{-1})
5	Rendimento de vagens (kg ha^{-1})
6	Peso da vagem (g)
7	Índice de colheita (%)
(C) Observações meteorológicas	
1	Temperatura máxima e mínima (C)
2	Precipitação (mm) e número de dias de chuva
3	Humidade relativa (%)
4	Horas de sol brilhante (hrs.)
5	Velocidade do vento (km ha$^{-1)}$ e direção
6	Evaporação (mm)
(D) Parâmetros do solo	
1	N, P e K disponíveis antes e depois da colheita
2	CE, pH e carbono orgânico

3.8 Cálculo dos índices térmicos

Os índices térmicos como os graus-dia de crescimento (GDD), a unidade heliotérmica (HTU) e a unidade fototérmica (PTU) foram calculados utilizando a metodologia descrita abaixo.

3.8.1 Graus-dia de crescimento (GDD)

Os graus-dia de crescimento (GDD) baseiam-se no conceito de que o tempo real necessário para atingir a maturidade está linearmente relacionado com o intervalo de temperatura entre a temperatura de base (Tb) e a temperatura óptima. A soma dos graus-dia para a conclusão de cada fenofase foi obtida pela seguinte fórmula:

$$GDD = \frac{T_{max} + T_{min}}{2} - Tbi \quad \text{and} \quad \text{Accumulated } GDD = \sum_{i=ds}^{dh}(T - Tbi)$$

Onde,

Tmax = temperatura máxima diária em °*C*

Tmin = temperatura mínima diária em C

T = {(Tmax + Tmin) / 2}

Tbi = temperatura de base em C

ds = data de sementeira ou data de início das fenofases.

dh = data de colheita ou data de fim da respectiva fenofase.

3.8.2 Unidade heliotérmica (HTU)

A unidade heliotérmica (HTU) para um determinado dia representa o produto do GDD e as horas de sol brilhante efetivo e é expressa como g C $dias^{-1}$ hrs^{-1}. A soma das HTU para a duração de cada fenofase foi determinada utilizando a seguinte fórmula:

HTU (C dia horas) = GDD x Ds

Onde, Ds = horas diárias de sol brilhante

3.8.3 Unidade fototérmica (PTU)

A unidade fototérmica (PTU) para um determinado dia representa o produto do GDD e o máximo possível de horas de sol, mostrou que o efeito combinado da temperatura e do fotoperíodo nas fases de crescimento e expresso como C $dias^{-1}$ hrs^{-1}.

PTU = GDD x N

Onde, N = máximo possível de horas de sol

3.9 Descrição do modelo

3.9.1 CROPGRO - Modelo de simulação de culturas

O modelo CROPGRO é um modelo genérico de culturas baseado nos modelos SOYGRO, PNUTGRO e BEANGRO. Faz parte do Sistema de Apoio à Decisão para a Transferência de Agrotecnologia (DSSAT). O modelo CROPGRO é utilizado para a soja, o amendoim e o feijão seco. O CROPGRO é um modelo dinâmico que simula a alteração da água, do carbono e do azoto das plantas e do solo do sistema de cultivo ao longo do tempo. Para executar um modelo num novo local, o modelo necessita de dados sobre as culturas, o solo, o clima e a gestão. É utilizado para prever o rendimento das culturas e parâmetros agronómicos relacionados.

3.9.2 Conjunto mínimo de dados necessário para a simulação do modelo

(A) Para o funcionamento do modelo

i. Dados do sítio

a. Latitude e longitude e elevação/altitude

b. Elevação/altitude

ii. Dados meteorológicos

a. Horas diárias de sol brilhante ou radiação solar

b. Temperatura máxima e mínima diária

c. Precipitação diária

iii. Dados do solo

a. Classificação do solo utilizando o sistema local (ao nível da família de solos)

b. Caraterísticas básicas do perfil do solo por profundidade, como densidade aparente (g/cm^3), percentagem de declive, carbono orgânico (%), pH em água, areia, silte e argila (%), azoto total (%), CEC (cmol/kg), fator de fertilidade, drenagem e potencial de escoamento.

iv. Dados de gestão das culturas

a. Nome e tipo da cultivar

b. Datas de plantação, profundidade e método

c. Espaçamento e direção das linhas, População de plantas

d. Gestão da irrigação: datas, métodos e profundidades

e. Aplicação de fertilizantes
f. Aplicação de estrume orgânico (material, quantidade e teor de nutrientes)
g. Lavoura
h. Adaptação ao ambiente
i. Calendário da colheita

(B) Para avaliação do modelo

a. Data de plantação
b. Data da antese
c. Data da primeira vagem
d. Data de início das sementes
e. Data da cápsula completa
f. Data de maturidade fisiológica
g. Início da fase de vagem
h. Fase de cápsula completa
i. Início da fase de maturação
j. Data de maturidade da colheita
k. Rendimento de grãos na maturidade (kg/ha)
l. Peso do grão (mg/unidade)
m. N.º de grãos/unidade de vagem
n. Índice máximo de área foliar
o. Peso dos topos na maturidade (kg/ha)
p. Peso total das vagens na maturidade (kg/ha)
q. Rendimento do caule (kg/ha)

3.10Ensaio de modelos

O teste do modelo foi efectuado para avaliar a precisão do modelo num contexto específico. A calibração, a validação, a verificação e a análise de sensibilidade foram os quatro processos principais do teste do modelo. O conjunto de dados representa todo o conjunto de sequências de culturas e a zona envolvente e não deve ter sido utilizado anteriormente.

3.10.1 Calibração do modelo

Quando são fornecidos ao modelo todos os dados de entrada essenciais, o modelo não fornece dados de previsão corretos semelhantes aos dados observados. Para ultrapassar este problema, procede-se à calibração. Para a calibração do modelo CROPGRO, foram recolhidos dados sobre o crescimento e o desenvolvimento das plantas, as caraterísticas do solo, o clima e a gestão das culturas, necessários para determinar os coeficientes das cultivares CO-4, GBM-1 e GM-7.

Os dados foram recolhidos da experiência de campo realizada durante a estação *rabi*, tal como descrito na secção 3.5. O coeficiente das cultivares foi estimado através de interações repetidas, executando o calculador do coeficiente GLUE utilizando a fenologia e o rendimento observados para todos os ambientes de sementeira durante a estação, até se obter uma correspondência estreita entre o valor simulado e o observado. Os pormenores destes coeficientes genéticos são apresentados no quadro 3.8.

3.10.2 Validação do modelo

A validação do modelo é a forma mais simples de comparação entre valores simulados e observados. Para além das comparações, existem várias medidas estatísticas disponíveis para avaliar a associação entre valores observados e simulados.

As diferentes medidas estatísticas utilizadas para comparar os resultados reais e simulados são as seguintes

$$MAE = \sum_{i=1}^{n} \frac{[Pi-Oi]}{n}$$

$$MBE = \sum_{i=1}^{n} \frac{[Pi-Oi]}{n}$$

$$RMSE = [\frac{\sum_{i=1}^{n}(Pi-Oi)^2}{n}]^{1/2}$$

Onde, Pi é o valor previsto, Oi é o valor observado e n é o número de observações

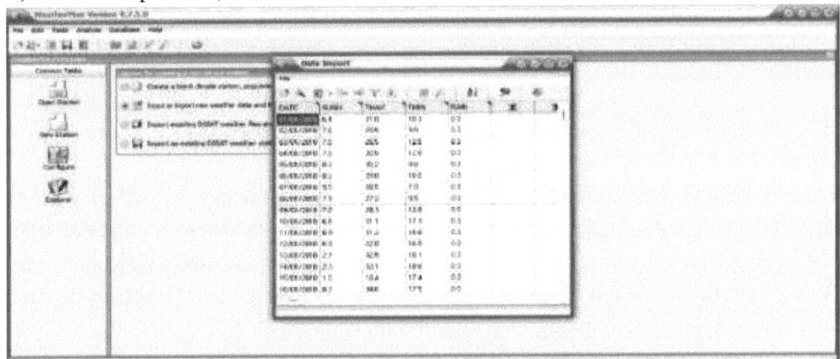

Figura 3.4: O módulo meteorológico da janela de sementeira

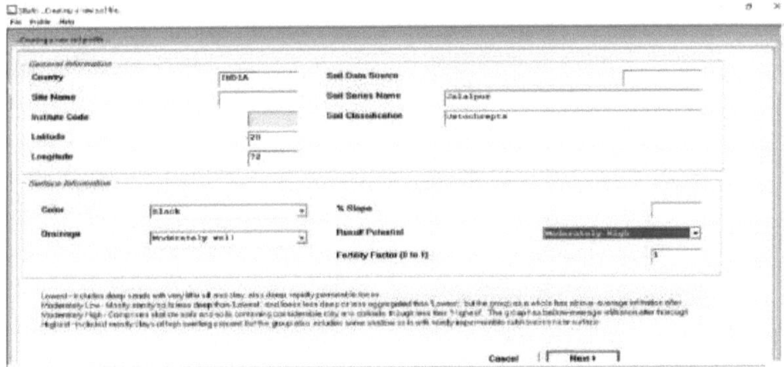

Figura 3.5: A janela que mostra o módulo do solo

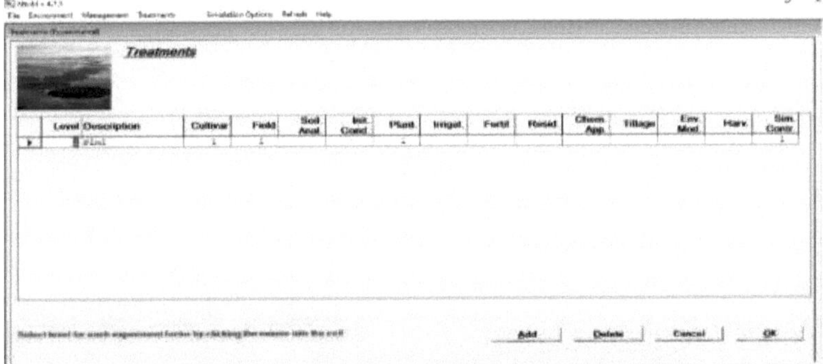

Figura 3.6: A janela que mostra o módulo de gestão

O MAE e o RMSE indicam a magnitude do erro médio, mas não fornecem qualquer informação sobre a dimensão relativa da diferença média entre (P) e (O). A estatística MBE descreve a direção do desvio do erro. Um MBE negativo indica que os valores das previsões são mais pequenos do que os das observações correspondentes. A comparação entre os rendimentos observados e os rendimentos previstos da cultura foi efectuada utilizando a raiz do erro quadrático médio (RMSE). Este varia entre zero e infinito positivo, sendo que o primeiro indica um bom desempenho do modelo e o segundo indica um mau desempenho.

A indicação simples do erro de previsão é definida como o erro percentual (EP). O PE é definido como rácio do RMSE em relação ao valor médio observado (O) expresso em percentagem.

$$PE = RMSE/O$$

3.10.3 Análise de sensibilidade do modelo CROPGRO para estudos sobre alterações climáticas

A análise de sensibilidade é uma forma importante de avaliar modelos. Ajuda a compreender melhor a variação dos resultados em função das alterações dos dados de entrada. A análise foi efectuada com parâmetros de entrada que incluem a temperatura máxima e mínima e o CO_2.

A análise de sensibilidade das alterações climáticas foi efectuada aumentando ou diminuindo a temperatura máxima e mínima de -5 a +5°C e o nível de CO_2 de 450, 500, 550 e 600 ppm no ficheiro de entrada do modelo. Toda a interação foi efectuada utilizando o modelo validado para cada genótipo.

Fotografia 3.1: Vista geral do campo na fase vegetativa

Fotografia 3.2: Vista geral do campo em fase de reprodução

Fotografia 3.3: Aplicação de fertilizante misto (SSP + Ureia)

Fotografia 3.4: Vista geral da parcela principal com diferentes datas de sementeira

Fotografia 3.5: Operação de debulha e limpeza

CAPÍTULO 4

RESULTADOS E DISCUSSÃO

A presente investigação foi realizada durante a estação rabi do ano de 2021-22 com o objetivo principal de simular a fenologia e a atribuição de rendimento de três cultivares de grama verde utilizando o modelo CROPGRO (DSSAT v 4.7.5). Depois de calibrar o coeficiente genético das cultivares de grama verde utilizando os dados experimentais de campo, os dados simulados da fenologia e dos caracteres de atribuição de rendimento foram comparados com os dados observados correspondentes para validar o modelo.

4.1 Coeficiente genético calibrado de cultivares de grama verde

O coeficiente genético da cultura, que explica a forma como o ciclo de vida de uma cultivar responde ao seu ambiente, não está normalmente disponível, pelo que é derivado interactivamente utilizando a calculadora do coeficiente genético GLUE (Generalized Likelihood Uncertainty Estimation), que já é uma opção integrada no modelo DSSAT. Para esses cálculos, são necessários conjuntos mínimos de dados sobre o desempenho da cultura, incluindo dias para o início da floração, formação da primeira semente e maturidade fisiológica, rendimento da semente, peso da semente^{-1} e número de sementes por vagem^{-1}. O procedimento para determinar os coeficientes genéticos envolveu a execução do modelo utilizando uma gama de valores de cada coeficiente, pela ordem indicada acima, até se atingir o nível desejado de concordância entre os valores simulados e observados. Os coeficientes genéticos calibrados das cultivares de grama-verde CO-4, GBM-1 e GM-7 são mencionados a seguir (Quadro 4.1).

Tabela 4.1: Coeficientes genéticos para as cultivares CO-4, GBM-1 e GM-7

Parâmetro	CO-4	GBM-1	GM-7
EM-FL	33.3	33.8	31.1
FL-SD	15.0	18.1	14.8
FL-SH	9.0	10.5	7.5
FL-LF	16.0	13.0	10.0
SD-PM	17.48	19.77	11.85
LFMAX	0.90	0.99	0.95
WTPSD	0.543	0.560	0.580
SLAVR	200	130	195
SDPDV	10.5	10.5	10.0
SFDUR	22.8	24.3	16.2
PODUR	16.7	18.0	11.3
XFRT	1.00	1.00	1.00
THRSH	76.0	78.0	65.0
SDPRO	0.250	0.240	0.270
SDLIP	0.45	0.55	0.70

Descrição dos parâmetros do coeficiente genético

EM-FL	Tempo entre a emergência da planta e o aparecimento da flor (R1)
FL-SD	Tempo entre a primeira flor e a primeira semente (R5) (dias fototérmicos)
FL-SH	Tempo entre a primeira flor e a primeira vagem (R3) (dias fototérmicos)
FL-LF	Tempo entre a primeira flor (R1) e o fim da expansão foliar
SD-PM	Tempo entre a primeira semente (R5) e a maturidade fisiológica (R7) (dias

	fototérmicos)
LFMAX	Taxa máxima de fotossíntese foliar a 30 °C, 350 vpm de CO2 e luz intensa (mgCO2/m^2-s)
WTPSD	Peso máximo por semente (g)
SLAVR	Área foliar específica da cultivar em condições normais de crescimento (cm^2/g)
SDPDV	Média de sementes por vagem em condições normais de crescimento (# [sementes] /vagem)
SFDUR	Duração do enchimento da semente para a coorte de vagens em condições normais de crescimento (dias fototérmicos)
PODUR	Tempo necessário para a cultivar atingir a carga final de vagens em condições óptimas (dias fototérmicos)
XFRT	Fração máxima do crescimento diário que é dividida entre a semente e a casca
THRSH	A relação máxima [semente/(semente+casca)] na maturidade.
SDPRO	Fração proteica das sementes (g [proteína]/g [semente])
SDLIP	Fração de óleo nas sementes (g [óleo]/g [semente])

4.2 Validação do modelo CROPGRO-Dry bean para a cultura do grão verde

O modelo CROPGRO-Dry bean da família DSSAT foi utilizado para simular o crescimento, o desenvolvimento e o rendimento da cultura de grama verde, para comparação com os respectivos resultados observados na experiência de campo, a fim de avaliar o desempenho do modelo na simulação dos resultados destes caracteres. Os resultados dos rendimentos simulados são descritos a seguir. O modelo CROPGRO-Dry bean foi validado para a cultura de grama verde para o ano (2021-22) utilizando dados de experiências de campo para diferentes caracteres.

4.2.1 Dias para a emergência das sementes

Os dados observados e simulados sobre os dias necessários para a emergência das sementes em diferentes datas de sementeira e níveis de fertilizante dos genótipos de grama verde foram apresentados no Quadro 4.2 e representados na Fig. 4.1.

Observou-se que no dia 27 de outubro a sementeira da *cv.* CO-4 e GM-7 em ambos os níveis de adubação correspondem perfeitamente aos valores simulados e observados. E na *cv.* GBM-1, o valor observado é superior ao valor simulado com um desvio de -20% em ambos os níveis de fertilização.

No dia 11 de novembro foi efectuada a sementeira da *cv.* CO-4 e GBM-1 em ambos os níveis de fertilização e *da cv.* GM-7 nos níveis de adubação F2 coincide perfeitamente com os valores simulados e observados e *cv.* GM-7 com nível de adubação F1 foi observada uma previsão próxima, na qual o valor observado é maior do que o valor previsto com um desvio de -20%.

No dia 26 de novembro, a sementeira da *cv.* GBM-1 com ambos os níveis de adubação coincide perfeitamente com os valores simulados e observados e na *cv.* CO-4 e GM-7 em ambos os níveis de fertilizante os valores observados foram superiores aos valores previstos com um desvio de -20%.

O valor simulado para a emergência de sementes foi subestimado pelo modelo quando comparado com o valor observado correspondente para todas as datas de semeadura, níveis de fertilizante e genótipos. Esse resultado está de acordo com Kumar *et al.* (2014), que descobriram que o modelo CERES-Wheat subestima os dias de emergência simulados. A proximidade máxima foi observada sob a primeira data de semeadura (DI) na *cv.* CO-4 e GM-7 em ambos os níveis de fertilizante.

Na *cv.* CO-4 e GBM-1 em ambos os níveis de fertilizante e *cv.* GM-7 com o nível de fertilizante F2 estava em boa concordância com o valor observado com RMSE, MBS, MAE e PE relativamente baixos de 0,577, -0,33, 0,33 e 13,3, respetivamente. Os dias simulados para a emergência de sementes na *cv.* GM-7 no nível de fertilizante FI tem um valor mais alto de RMSE, MBS, MAE e PE em comparação com os anteriores, que mostraram uma concordância fraca com o valor observado.

Entre as três cultivares e os dois níveis de fertilizante, os valores do teste t mostraram uma diferença não significativa entre os valores observados e simulados. A diferença não significativa no teste t mostrou a alta precisão do modelo.

Tabela 4.2: Comparação do valor observado com o simulado para dias até a emergência da semente em diferentes datas de semeadura e níveis de fertilizante

Variedades	Datas de sementeira	Níveis de fertilizantes (kg ha^{-1})			
		15-30-00 NPK CFJ		20-40-00 NPK CFJ	
		Observado	Simulado	Observado	Simulado
CO-4	27th Out. (DI)	4	4 (0%)	4	4 (0%)
	11th Nov. (O2)	4	4 (0%)	4	4 (0%)
	26th Nov. (O3)	5	4 (-20%)	5	4 (-20%)
	MAE	0.33		0.33	
	MBE	-0.33		-0.33	
	RMSE	0.577		0.577	
	PE	13.3		13.3	
	teste t	NS (0,42)		NS (0,42)	
GBM-1	27th Out. (DI)	5	4 (-20%)	5	4 (-20%)
	11th Nov. (O2)	4	4 (0%)	4	4 (0%)
	26th Nov. (O3)	4	4 (0%)	4	4 (0%)
	MAE	0.33		0.33	
	MBE	-0.33		-0.33	
	RMSE	0.577		0.577	
	PE	13.3		13.3	
	teste t	NS (0,42)		NS (0,42)	
GM-7	27th Out. (D!)	4	4 (0%)	4	4 (0%)
	11th Nov. (O2)	5	4 (-20%)	4	4 (0%)
	26th Nov. (D3)	5	4 (-20%)	5	4 (-20%)
	MAE	0.66		0.33	
	MBE	-0.66		-0.33	
	RMSE	0.81		0.57	
	PE	17.5		13.3	
	teste t	NS (0,18)		NS (0,42)	

RMSE: Root mean square error (erro quadrático médio), MAE: Mean absolute error (erro

absoluto médio), MBE: Mean bias error (erro de desvio médio) PE: Percentage error (erro percentual), NS: Non significant (não significativo)
(O valor entre parêntesis indica o desvio percentual)

Fig. 4.1: Comparação do valor observado com o simulado para dias até a emergência da semente em diferentes datas de semeadura e níveis de fertilizante

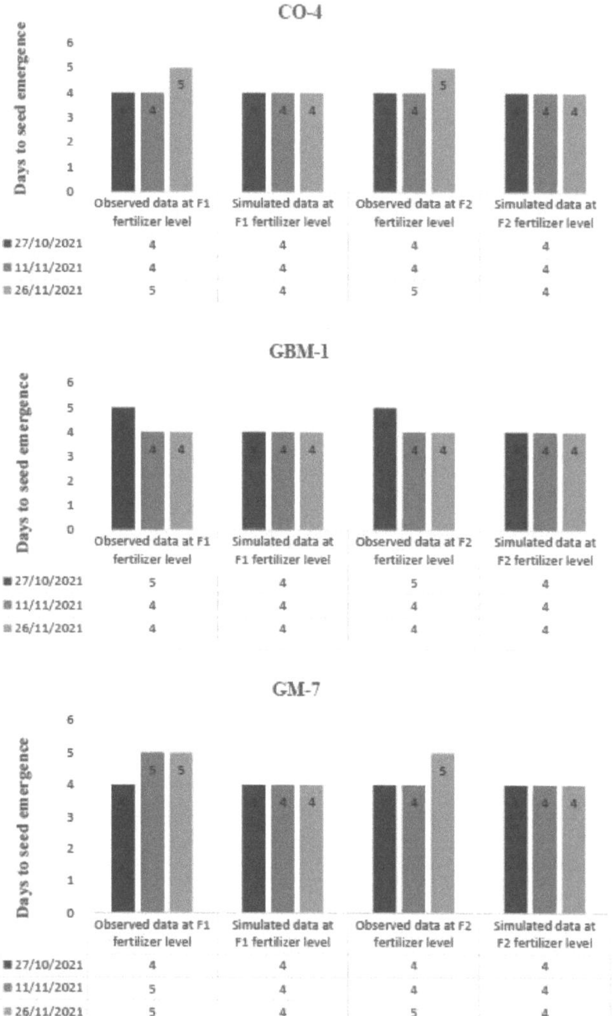

4.2.2 Dias para o início da floração

Os valores observados e simulados dos dias necessários para o início da floração em diferentes datas de sementeira e níveis de fertilizante dos genótipos de grama verde foram apresentados no Quadro 4.3 e representados na Fig. 4.2.

Os resultados mostraram que, para a terceira data de semeadura (D3), foi observada uma previsão próxima em ambos os níveis de fertilizantes para a *cv.* CO-4 e GBM-1, com desvios de -11,76% e -7,54%, respetivamente. Da mesma forma, na *cv.* GM-7, a predição próxima foi observada em ambos os níveis de fertilizante com um desvio de -4,8 por cento sob a segunda data de semeadura (D2).

No dia 27 de outubro de sementeira, os dias observados para o início da floração foram próximos do previsto na *cv.* GM-7 (-9,8%), seguida da *cv.* CO-4 (-14,58% de desvio) e *cv.* GBM-1 (-15,38% desvio) em ambos os níveis de fertilizantes. No dia 11 de novembro de sementeira, observou-se uma previsão próxima na *cv.* GM-7 (-4,8% de desvio) seguida da *cv.* GBM-1 (-12,96% de desvio) e *cv.* CO-4 (-15,38% de desvio) em ambos os níveis de fertilizantes. No dia 26 de novembro de sementeira, a previsão mais próxima foi observada também na *cv.* GM-7 (-6,6% de desvio) seguida da *cv.* GBM-1 (-7,54% de desvio) e *cv.* CO-4 (-11,76% de desvio) em ambos os níveis de fertilizantes.

A previsão mais próxima de dias para o início da floração foi observada na terceira data de sementeira (D3) em comparação com a primeira e segunda datas de sementeira (D1 e D2). O modelo subestimou os dias de início da floração para todos os tratamentos. Este resultado está de acordo com Rana S. (2021), que referiu que o modelo CROPGRO subestima os dias de início da floração para a cultura da grama verde nas condições da região *do Tarai.* Este resultado também coincide com as conclusões de Kaur e Hundal (1999), que observaram que o modelo PUNTGRO subestimava a data de floração simulada para a cultura do amendoim.

No entanto, na *cv.* GM-7, os dias simulados para o início da floração estavam de acordo com os valores observados em ambos os níveis de fertilizantes, com RMSE, MBE, MAE e PE comparativamente baixos de 3,10, -3, 3 e 7,2, respetivamente, em comparação com a *cv.* CO-4 e GBM-1. O valor do teste t mostra uma diferença não significativa entre os valores observados e simulados para todos os tratamentos. A diferença não significativa no teste t mostrou a alta precisão do modelo.

Tabela 4.3: Comparação do valor observado com o simulado para os dias até ao início da floração em diferentes datas de sementeira e níveis de fertilizante

Variedades	Datas de sementeira	Níveis de fertilizantes (kg ha^{-1})			
		15-30-00 NPK (FO		20-40-00 NPK (FJ	
		Observado	Simulado	Observado	Simulado
CO-4	27th Out. (D1)	48	41 (-14.58%)	48	41 (-14.58%)
	11th Nov. (D2)	52	44 (-15.38%)	52	44 (-15.38%)
	26th Nov. (D3)	51	45 (-11.76%)	51	45 (-11.76%)
	MAE	7		7	
	MBE	-7		-7	
	RMSE	7.04		7.04	
	PE	14		14	
	teste t	NS (0,007)		NS (0,007)	
GBM-1	27th Out. (DI)	49	44 (-15.38%)	49	44 (-15.38%)
	11th Nov. (O2)	51	47 (-12.96%)	51	47 (-12.96%)
	26th Nov. (O3)	50	49 (-7.54%)	50	49 (-7.54%)
	MAE	6.33		6.33	
	MBE	-6.33		-6.33	
	RMSE	6.55		6.55	

	PE	13.6		13.6	
	teste t	NS (0,034)		NS (0,034)	
GM-7	**27th Out. (Ox)**	42	38 (-9.5%)	42	38 (-9.5%)
	11th Nov. (O2)	42	40 (-4.8%)	42	40 (-4.8%)
	26th Nov. (O3)	45	42 (-6.6%)	45	42 (-6.6%)
	MAE	3		3	
	MBE	-3		-3	
	RMSE	3.10		3.10	
	PE	7.2		7.2	
	teste t	NS (0,04)		NS (0,04)	

RMSE: Root mean square error (erro quadrático médio), MAE: Mean absolute error (erro absoluto médio), MBE: Mean bias error (erro de desvio médio)

EP: Erro percentual, NS: Não significativo

(O valor entre parêntesis indica o desvio percentual)

Fig. 4.2: Comparação do valor observado com o simulado para os dias até ao início da floração em diferentes datas de sementeira e níveis de fertilizante

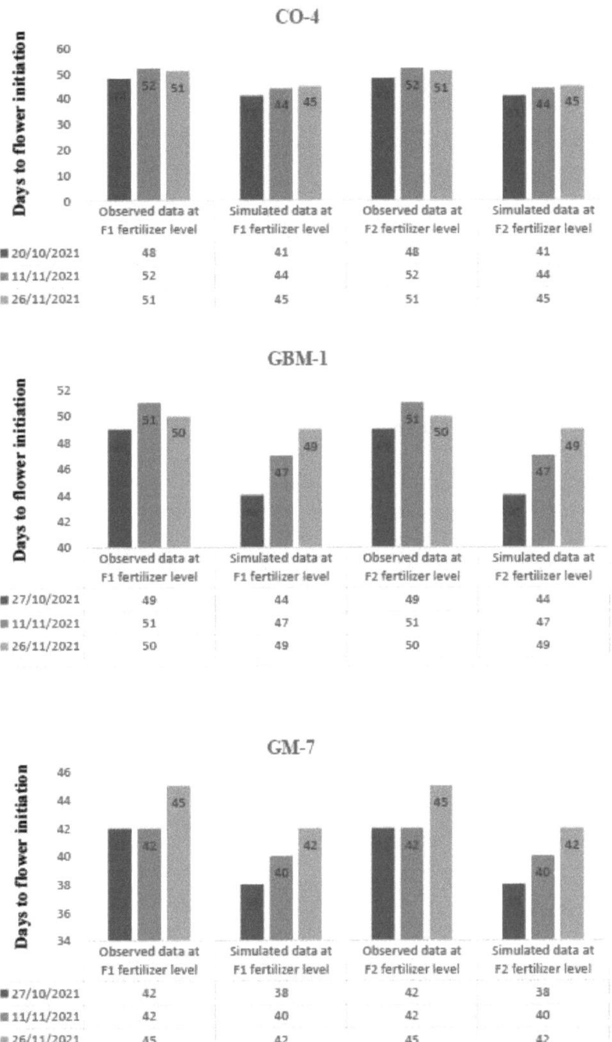

4.2.3 Dias para o início da vagem

Os valores observados e simulados dos dias necessários para o início das vagens em diferentes datas de sementeira e níveis de fertilizante dos genótipos de grama verde foram apresentados no Quadro 4.4 e representados em na Fig. 4.3.

Os resultados revelaram que na terceira data de sementeira (D3) foi observada uma previsão próxima para a *cv.* CO-4, GBM-1 e GM-7 em ambos os níveis de fertilizante com -9,6%, -6,34% e -1,88% de desvio, respetivamente.

No dia 27 de outubro de sementeira (D1), a *cv.* GM-7 em ambos os níveis de fertilizante (-

7,84% de desvio), seguida pela *cv.* GBM- 1 (-10%) e *cv.* CO-4 (-11,86% de desvio). Da mesma forma, no dia 11 th de novembro de semeadura (D2), uma previsão próxima foi observada na *cv.* GM-7 (-5,66% de desvio) seguida da *cv.* GBM-1 (-11,11% de desvio) e *cv.* CO-4 (-11,47% de desvio) em ambos os níveis de fertilizantes. Da mesma forma, no dia 26 de novembro (D3), a previsão mais próxima foi observada na *cv.* GM-7 (-1,88% de desvio) seguida da *cv.* GBM-1 (-6,34% de desvio) e *cv.* CO-4 (-9,6% de desvio) em ambos os níveis de fertilizantes.

A previsão mais próxima foi observada na terceira data de sementeira (D3) em comparação com a primeira e segunda datas de sementeira (D1 e D2). O modelo subestimou os dias simulados para o início das vagens em todos os tratamentos. Este resultado está de acordo com as conclusões de Nath *et al.* (2017), que observaram que os dias simulados para a primeira vagem foram subestimados pelo modelo CROPGRO-Soybean.

No entanto, na *cv.* GM-7, os dias simulados para o início das vagens estavam de acordo com os valores observados em ambos os níveis de fertilizante, com RMSE, MBE, MAE e PE comparativamente baixos de 2,94, -2,66, 2,66 e 5,6, respetivamente, em comparação com a *cv.* CO-4 e GBM-1 (GM-7> GBM-1> CO-4). Na *cv.* GBM-1 no nível de fertilizante F2 tem comparativamente baixo RMSE e PE (5,41 e 8,8) do que no nível de fertilizante F1 (5,80 e 9,4).

O valor do teste t mostra uma diferença não significativa entre os valores observados e simulados para todos os tratamentos. A diferença não significativa no teste t mostra a elevada exatidão do modelo.

Tabela 4.4: Comparação do valor observado com o simulado para os dias até ao início da vagem em diferentes datas de sementeira e níveis de fertilizante

Variedades	Datas de sementeira	Níveis de fertilizantes (kg ha^{-1})			
		15-30-00 NPK CFJ		20-40-00 NPK CFJ	
		Observado	Simulado	Observado	Simulado
CO-4	27th Out. (D1)	59	52 (-11.86%)	59	52 (-11.86%)
	11th Nov. (O2)	61	54 (-11.47%)	61	54 (-11.47%)
	26th Nov. (O3)	62	56 (-9.6%)	62	56 (-9.6%)
	MAE	6.66		6.66	
	MBE	-6.66		-6.66	
	RMSE	6.68		6.68	
	PE	11		11	
	teste t	NS (0,002)		NS (0,002)	
GBM-1	27th Out. (D1)	60	54 (-10%)	60	54 (-10%)
	11th Nov. (O2)	63	56 (-11.11%)	62	56 (-9.67%)
	26th Nov. (O3)	63	59 (-6.34%)	63	59 (-6.34%)
	MAE	5.66		5.33	
	MBE	-5.66		-5.33	
	RMSE	5.80		5.41	
	PE	9.4		8.8	
	teste t	NS (0,02)		NS (0,02)	
GM-7	27th Out. (D!)	51	47 (-7.84%)	51	47 (-7.84%)
	11th Nov. (O2)	53	50 (-5.66%)	53	50 (-5.66%)

	26th Nov. (D3)	53	52 (-1.88%)	53	52 (-1.88%)
	MAE	2.66		2.66	
	MBE	-2.66		-2.66	
	RMSE	2.94		2.94	
	PE	5.6		5.6	
	teste t	NS (0,10)		NS (0,10)	

RMSE: Root mean square error (erro quadrático médio), MAE: Mean absolute error (erro absoluto médio), MBE: Mean bias error (erro de desvio médio)
EP: Erro percentual, NS: Não significativo
(O valor entre parêntesis indica o desvio percentual)

Fig. 4.3: Comparação do valor observado com o simulado para dias até o início da vagem em diferentes datas de semeadura e níveis de fertilizante

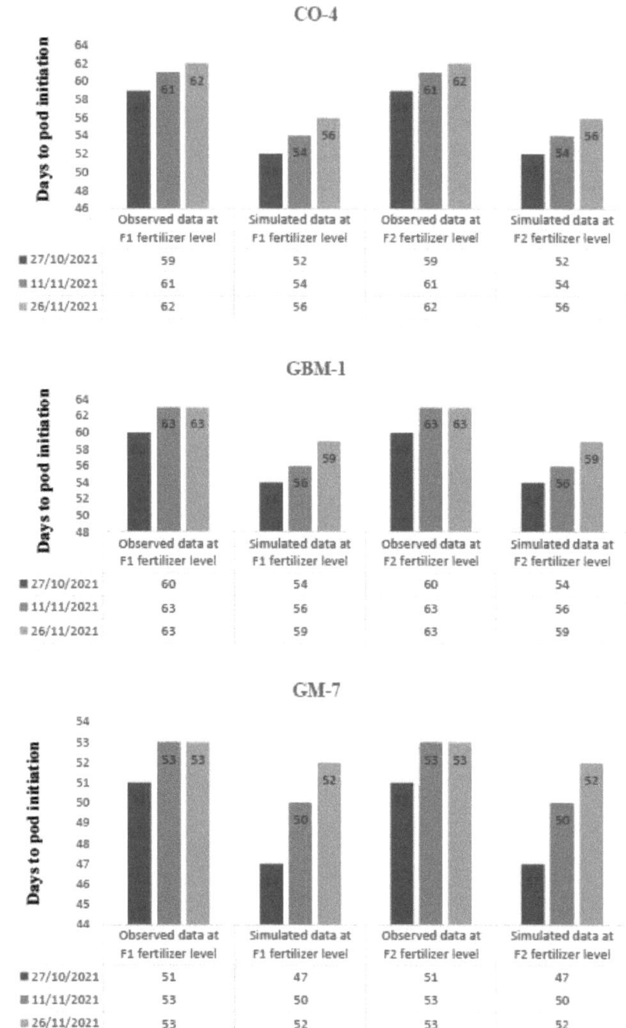

4.2.4 Dias para o início da sementeira

Os valores observados e simulados dos dias necessários para a iniciação da semente em diferentes datas de sementeira e níveis de fertilizante dos genótipos de grama verde foram apresentados no Quadro 4.5 e representados na Fig. 4.4.

O resultado revelou que na terceira data de semeadura (D3), a previsão mais próxima foi observada na *cv.* CO-4 e GBM-1 em ambos os níveis de fertilizante com -12,16% e -4,10% de desvio, respetivamente. Mas a previsão mais próxima na *cv.* GM-7 foi observada na segunda data de semeadura (D2) com um desvio de 0% em ambos os níveis de fertilizante.

A 27 th de outubro da sementeira (D1), a previsão mais próxima foi observada na *cv.* GM-7 (-1,72% de desvio), seguida da *cv.* GBM-1 (desvio de -7,24%) e *cv.* CO-4 (desvio de 11,76%) em ambos os níveis de fertilizante . Da mesma forma, no dia 11 th de novembro de semeadura (D2), a previsão mais próxima foi observada na *cv.* GM-7 (0% de desvio) seguida da *cv.* GBM-1 (-8,33% de desvio) e *cv.* CO-4 (-14,08% de desvio) em ambos os tratamentos com fertilizantes. O mesmo resultado foi observado no dia 26 de novembro (D3), a previsão mais próxima foi observada na *cv.* GM-7 (1,63% de desvio) seguida da *cv.* GBM-1 (-4,10% de desvio) e *cv.* CO-4 (desvio de -12,16%) em ambos os níveis de adubação.

No entanto, na *cv.* GM-7, os dias simulados para o início da semente estavam de acordo com os valores observados em ambos os níveis de fertilizantes, com RMSE, MBE, MAE e PE comparativamente baixos de 0,816, 0, 0,66 e 1,4, respetivamente, em comparação com a *cv.* CO-4 e GBM-1 (GM-7> GBM-1> CO-4).

O valor simulado de dias para o início da semeadura foi subestimado pelo modelo nas respectivas cultivares, datas de semeadura e níveis de adubação, exceto na *cv.* GM-7, na terceira data de semeadura (D3), o valor simulado de dias para a iniciação das sementes foi superestimado pelo modelo em ambos os níveis de adubação. O resultado obtido na *cv.* CO-4 e *cv.* GBM-1 está de acordo com Yadav *et al.* (2012) e Nath *et al.* (2017), que descobriram que os modelos PUNTGRO e CROPGRO subestimaram os dias simulados para a primeira semente para o amendoim e a soja *da kharif*, respetivamente.

O valor do teste t mostra uma diferença não significativa entre o valor observado e o simulado para todos os tratamentos. A diferença não significativa no teste t mostrou a elevada precisão do modelo.

Tabela 4.5: Comparação do valor observado com o simulado para dias até o início da semeadura em diferentes datas de semeadura e níveis de fertilizante

Variedades	Datas de sementeira	Níveis de fertilizantes (kg ha^{-1})			
		15-30-00 NPK (FO		20-40-00 NPK (F2)	
		Observado	Simulado	Observado	Simulado
CO-4	27th Out. (Di)	68	60 (-11.76%)	68	60 (-11.76%)
	11th Nov. (D2)	71	61 (-14.08%)	71	61 (-14.08%)
	26th Nov. (D3)	74	65 (-12.16%)	74	65 (-12.16%)
	MAE	9		9	
	MBE	-9		-9	
	RMSE	9.03		9.03	
	PE	12.7		12.7	
	teste t	NS (0,004)		NS (0,004)	
GBM-1	27th Out. (Di)	69	64 (-7.24%)	69	64 (-7.24%)
	11th Nov. (D2)	72	66 (-8.33%)	72	66 (-8.33%)
	26th Nov. (D3)	73	70 (-4.10%)	73	70 (-4.10%)
	MAE	4.66		4.66	
	MBE	-4.66		-4.66	
	RMSE	4.83		4.83	
	PE	6.8		6.54	
	teste t	NS (0,03)		NS (0,03)	
GM-7	27th Out. (D1)	58	57 (-1.72%)	58	57 (-1.72%)

	11th Nov. (D2)	58	58 (0%)	58	58 (0%)
	26th Nov. (D3)	61	62 (1.63%)	61	62 (1.63%)
	MAE	0.66		0.66	
	MBE	0		0	
	RMSE	0.816		0.816	
	PE	1.4		1.4	
	teste t	NS (1,00)		NS (1,00)	

RMSE: Root mean square error (erro quadrático médio), MAE: Mean absolute error (erro absoluto médio), MBE: Mean bias error (erro de desvio médio)
EP: Erro percentual, NS: Não significativo
(O valor entre parêntesis indica o desvio percentual)

Fig. 4.4: Comparação do valor observado com o simulado para dias até o início da semente em diferentes datas de semeadura e níveis de fertilizante

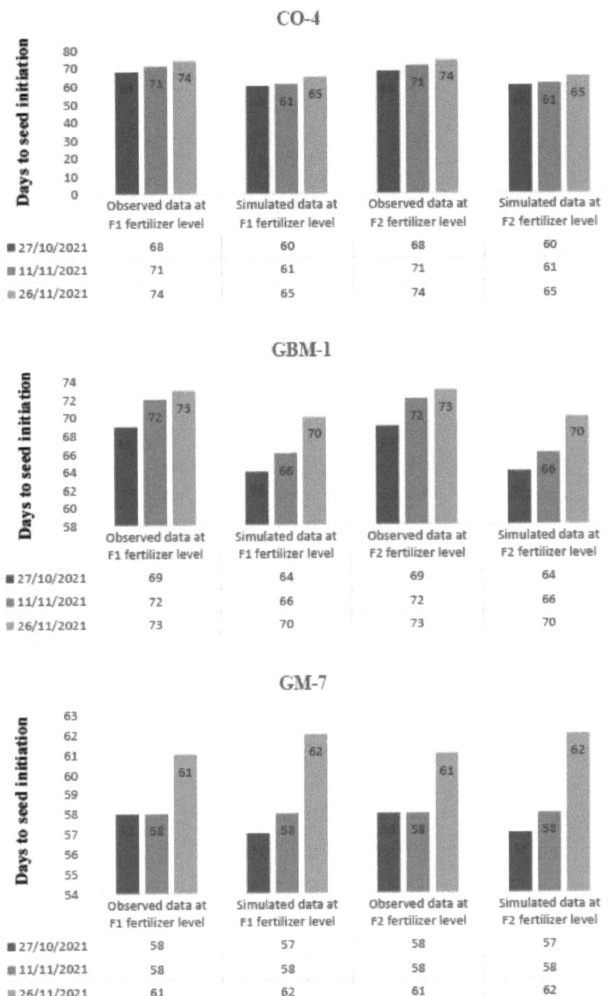

- **.2.5 Dias para a maturidade da colheita**

Os valores observados e simulados dos dias necessários para a maturidade da colheita em diferentes datas de sementeira e níveis de fertilizante dos genótipos de grama verde foram apresentados no Quadro 4.6 e representados na Fig. 4.5. Aqui, os dias até à maturidade da colheita aumentaram com o atraso da sementeira devido à descida da temperatura durante o ciclo de vida. Naveen *et al.* (2020) relataram que os dias a serem levados para a maturidade da colheita aumentaram com o atraso da semeadura na grama verde *rabi.*

O resultado revelou que na data de semeadura precoce (DI), a previsão mais próxima foi observada na *cv.* CO-4 em ambos os níveis de fertilizantes (desvio de -6,12%) e *cv.* GBM-1 ao nível do fertilizante FI (desvio de -0,99%). Mas a previsão próxima na *cv.* GM-7 foi observada na segunda data de semeadura (D2) com um desvio de 3,70% em ambos os níveis de fertilizantes.

No dia 27 de outubro de sementeira (D1), a previsão mais próxima foi observada na *cv.* GBM-1 no nível de adubação F1 (-0,99% de desvio) seguido do nível de adubação F2 (-1,96% de desvio). No dia 11 de novembro, a previsão mais próxima foi observada na cv. GM-7 (desvio de 3,70%) e *cv.* GBM-1 (desvio de -3,73%) em ambos os níveis de adubação. No dia 26 de novembro, a previsão mais próxima foi observada na *cv.* GM-7 (4,81% de desvio) seguida da *cv.* GBM-1 (-5,45% de desvio) e *cv.* CO-4 (-7,61% de desvio) em ambos os níveis de adubação.

O valor simulado de dias para a maturidade da colheita foi subestimado por um modelo quando comparado com o valor observado correspondente na *cv.* CO-4 e *cv.* GBM-1. Este resultado está de acordo com os resultados de Kumar *et al.* (2014), que descobriram que os dias simulados para a maturidade da colheita foram subestimados pelo modelo CROPGRO-urd para a cultura da urd. Mas, o valor simulado de dias para a maturidade da colheita na *cv.* GM-7 nas três datas de sementeira foi sobrestimado pelo modelo em ambos os níveis de fertilizante. Este resultado está de acordo com os resultados de Guled *et al.* (2012), que descobriram que os dias simulados para a maturidade da colheita foram ligeiramente sobrestimados pelo modelo CROPGRO- Peanut na estação chuvosa de 2010.

No entanto, na *cv.* GBM-1, os dias simulados para a maturidade da colheita estavam em boa concordância com os valores observados no nível de fertilizante F1, com RMSE, MBE, MAE e PE comparativamente baixos de 4,20, -3,66, 3,66 e 4, respetivamente, em comparação com o nível de fertilizante F2. O valor do teste t mostra uma diferença não significativa entre o valor observado e o simulado para todos os tratamentos.

Tabela 4.6: Comparação do valor observado com o simulado para os dias até à maturidade da colheita em diferentes datas de sementeira e níveis de fertilizante

Variedades	Datas de sementeira	Níveis de fertilizantes (kg ha^{-1})			
		15-30-00 NPK (F1)		20-40-00 NPK (F2)	
		Observado	Simulado	Observado	Simulado
CO-4	27th Out. (D1)	98	92 (-6.12%)	98	92 (-6.12%)
	11th Nov. (D2)	103	95 (-7.76%)	102	95 (-6.86%)
	26th Nov. (D3)	105	97 (-7.61%)	105	97 (-7.61%)
	MAE	7.33		7	
	MBE	-7.33		-7	
	RMSE	7.39		6.90	
	PE	7.2		7.18	
	teste t	NS (0,008)		NS (0,006)	
GBM-1	27th Out. (D1)	101	100 (-0.99%)	102	100 (-1.96%)
	11th Nov. (O2)	107	103 (-3.73%)	107	103 (-3.73%)
	26th Nov. (O3)	110	104 (-5.45%)	110	104 (-5.45%)
	MAE	3.66		4	
	MBE	-3.66		-4	
	RMSE	4.20		4.32	
	PE	4		4.1	
	teste t	NS (0,13)		NS (0,07)	

GM-7	**27th Out. (D!)**	78	81 (3.84%)	78	81 (3.84%)
	11th Nov. (O2)	81	84 (3.70%)	81	84 (3.70%)
	26th Nov. (O3)	83	87 (4.81%)	83	87 (4.81%)
	MAE	3.33		3.33	
	MBE	3.33		3.33	
	RMSE	3.36		3.36	
	PE	4.2		4.2	
	teste t	NS (0,01)		NS (0,01)	

RMSE: Root mean square error (erro quadrático médio), MAE: Mean absolute error (erro absoluto médio), MBE: Mean bias error (erro de desvio médio)

EP: Erro percentual, NS: Não significativo

(O valor entre parêntesis indica o desvio percentual)

Fig. 4.5: Comparação do valor observado com o simulado para os dias até à maturidade da colheita em diferentes datas de sementeira e níveis de fertilizante

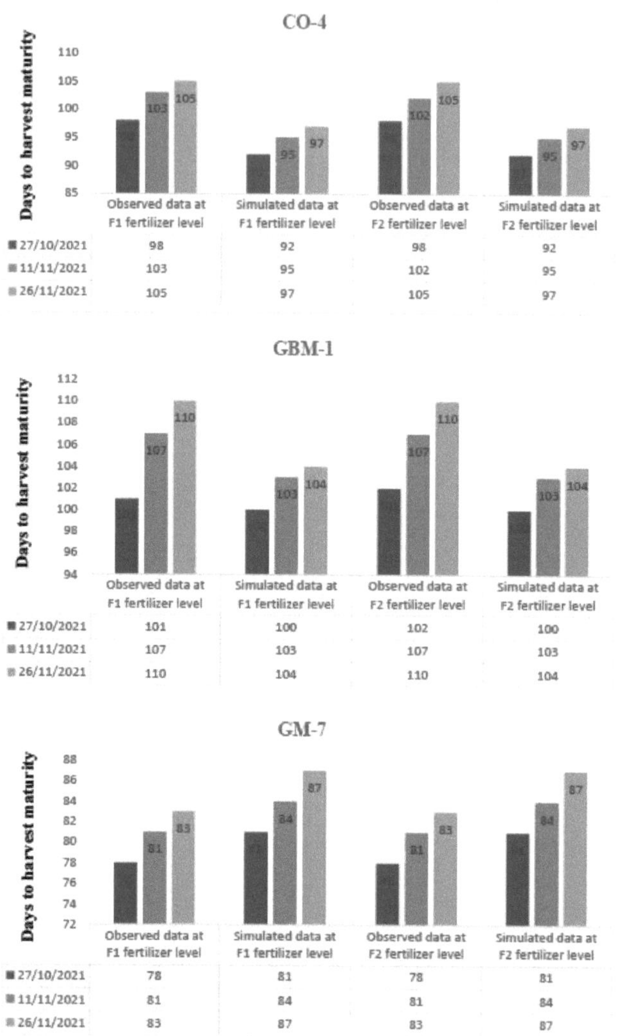

4.2.6 Rendimento das sementes (kg ha^{-1})

Os dados observados e simulados para o rendimento de sementes em diferentes datas de sementeira e níveis de fertilizante de genótipos de grama verde foram apresentados no Quadro 4.7 e mostrados na Fig. 4.6.

Os resultados revelaram que no dia 27 de outubro de sementeira (D1), a previsão mais próxima foi observada na *cv.* GBM-1 no nível de fertilização F2 com 3,07% de desvio, seguida pela *cv.* CO-4 no nível de fertilização F2 com 3,32% de desvio. Além disso, na *cv.* GM-7 foi observada uma previsão próxima com um desvio de 6,11% no nível de fertilizante F2 seguido pelo nível de fertilizante F1 (10,77% de desvio). Na primeira data de semeadura (D1), o valor simulado da produtividade de sementes foi superestimado pelo modelo em ambos os níveis de adubação e nas três cultivares.

No dia 11 de novembro de sementeira (D2), a previsão mais próxima foi observada na *cv.* GBM-1 na F2 nível de fertilizante com 0,69% de desvio, seguida pela *cv.* GM-7 na F2 (2,32%) e *cv.* CO-4 (2,40%) no nível de fertilização F1. Entre todas as combinações de tratamentos, a previsão mais próxima foi observada sob a segunda data de semeadura (D2) na *cv.* CO-4 ao nível de fertilizante F1 (2,40%) seguido pelo nível de fertilizante F2 (-2,29%). O valor simulado da produtividade de sementes foi superestimado pelo modelo na segunda data de semeadura (D2) em ambos os níveis de adubação e nas respectivas cultivares, exceto na *cv.* CO-4 no nível de adubação F2.

No dia 26 de novembro de sementeira, a previsão mais próxima foi observada na *cv.* GM-7 no nível de adubação F2 com -0,88% de desvio, seguida da *cv.* CO-4 na F2 (1,81%) e *cv.* GBM-1 no nível de fertilizante F1 (2,38%). A alta precisão de predição em ambos os níveis de fertilizantes foi encontrada na *cv.* CO-4 na terceira data de semeadura (D3). Na terceira data de semeadura (D3), o valor simulado da produtividade de sementes foi superestimado pelo modelo, exceto na *cv.* GBM-1 na F2 e *cv.* GM-7 no nível de adubação F2 em que a produtividade de sementes simulada foi subestimada pelo modelo quando comparada com o valor observado correspondente.

Em todos os tratamentos, o valor simulado da produção de sementes (kg ha^{-1}) foi sobrestimado pelo modelo quando comparado com o valor observado correspondente. Este resultado coincidiu com as conclusões de Pandey *et al.* (2019), que descobriram que o valor simulado da produção de sementes de grão-de-bico foi sobrestimado pelo modelo CROPGRO-Chickpea. Estes resultados também coincidiram com as conclusões de Rana S. (2021), Kumar *et al.* (2014) e Anurag e Singh (2019).

Entre as três cultivares, o rendimento de sementes simulado estava em boa concordância com os valores observados no nível de fertilizante F2 com RMSE, MBE, MAE e PE comparativamente baixos de 42,19, 16, 42 e 0,93 respetivamente na *cv.* GM-7.

Tabela 4.7: Comparação do valor observado com o simulado para o rendimento de sementes (kg ha^{-1}) em diferentes datas de sementeira e níveis de fertilizante

Variedades	Datas de sementeira	Níveis de fertilizantes (kg ha^{-1})			
		15-30-00 NPK (FO		20-40-00 NPK (FJ	
		Observado	Simulado	Observado	Simulado
CO-4	27th Out. (D1)	1555	1676 (7.78%)	1622	1676 (3.32%)
	11th Nov. (O2)	1625	1664 (2.4%)	1703	1664 (-2.29%)
	26th Nov. (O3)	1807	1855 (2.65%)	1822	1855 (1.81%)
	MAE	69.33		42	
	MBE	69.33		16	
	RMSE	78.45		42.19	
	PE	4.17		0.93	
	teste t	NS (0,12)		NS (0,63)	
GBM-1	27th Out. (D1)	1263	1376 (8.94%)	1335	1376 (3.07%)
	11th Nov. (O2)	1300	1449 (11.46%)	1439	1449 (0.69%)
	26th Nov. (O3)	1427	1461 (2.38%)	1629	1461 (-

					10.31%)
	MAE	99		73	
	MBE	99		-39	
	RMSE	109.73		100	
	PE	8.3		6.8	
	teste t	NS (0,10)		NS (0,61)	
GM-7	**27th Out. (D!)**	956	1059 (10.77%)	998	1059 (6.11%)
	11th Nov. (O2)	1055	1145 (8.53%)	1119	1145 (2.32%)
	26th Nov. (O3)	1135	1229 (8.28%)	1240	1229 (-0.88%)
	MAE	96		33	
	MBE	96		25	
	RMSE	95.82		38.80	
	PE	9.1		3.5	
	teste t	NS (0,0)		NS (0,35)	

(O valor entre parêntesis indica o desvio percentual)

Fig. 4.6: Comparação do valor observado com o simulado para o rendimento de sementes (kg ha^{-1}) em diferentes datas de sementeira e níveis de fertilizante

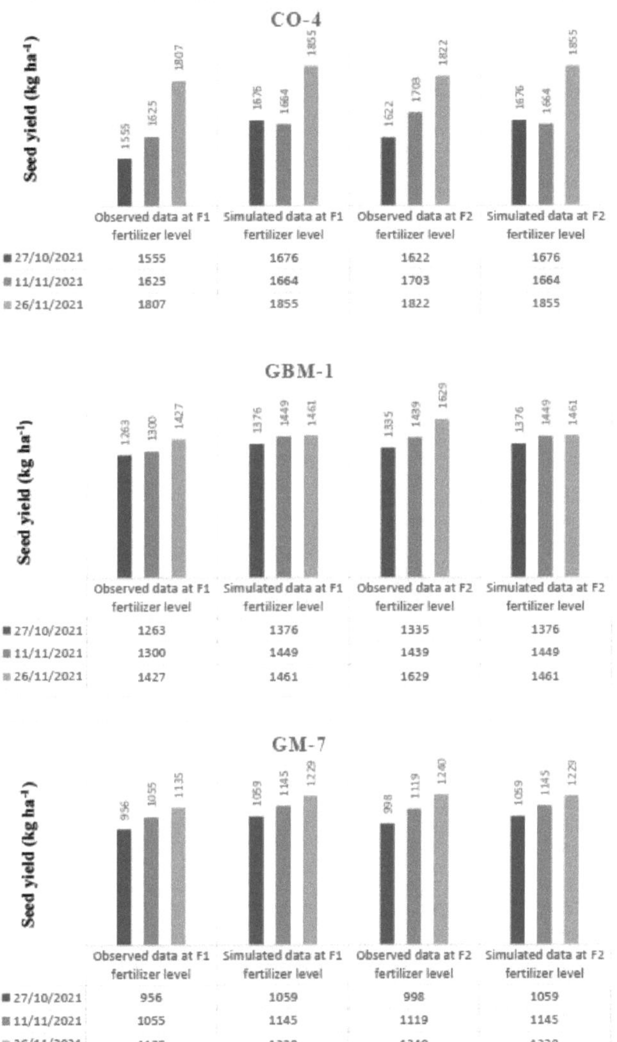

4.2.7 Rendimento de vagens (kg ha^{-1})

Os dados observados e simulados para a produção de vagens em diferentes datas de sementeira e níveis de fertilizante de genótipos de grama verde foram apresentados no Quadro 4.8 e mostrados na Fig. 4.7.

Verifica-se que a 27 de outubro de sementeira foi observada uma previsão próxima na *cv.* GM-7 no nível de fertilizante F1 (desvio de 5,65%) seguido pela *cv.* CO-4 ao nível do fertilizante F1 (desvio de 7,15%). O valor observado foi maior que o valor simulado encontrado na *cv.* GBM-1 nos níveis de adubação F1 (-10,31%) e F2 (-9,93%).

No dia 11 de novembro de sementeira, observou-se uma previsão próxima na *cv.* CO-4 no nível de adubação F2 (-1,03%) seguido pelo nível de adubação F1 (3,93%). Na *cv.* GBM, a previsão mais próxima foi observada no nível de fertilizante F1 (-4,07%) seguido pelo nível de fertilizante F2 (-10,49%). Na *cv.* GM-7, a predição mais próxima foi observada no nível de fertilizante F2 (8,98%) seguido pelo nível de fertilizante F1 (10%).

Verifica-se que no dia 26 de novembro de sementeira foi observada uma previsão próxima na *cv.* CO-4 ao nível de fertilizante F2 (2,29%) seguido do nível de fertilizante F1 (6,06%). Na *cv.* GM-7 a previsão mais próxima foi observada no nível de fertilizante F2 (5,14%) seguido pelo nível de fertilizante F1 (7,83%). Na *cv.* GBM-1 a previsão mais próxima foi observada no nível de fertilizante F1 (-10,87%) seguido pelo nível de fertilizante F2 (-13,71%), que foi menor em comparação com a *cv.* CO-4 e *cv.* GM-7.

A produção simulada de vagens foi superestimada pelo modelo na *cv.* GM-7 e subestimada na *cv.* GBM-1 para todos os tratamentos. Mas na *cv.* CO-4, o rendimento simulado de vagens foi sobrestimado pelo modelo em comparação com os dados observados correspondentes para todos os tratamentos, exceto na segunda data de sementeira (D2) ao nível de fertilizante F2, que foi subestimado pelo modelo. Este resultado está em consonância com as conclusões de Parmar *et al.* (2013) e Silawat *et al.* (2016), que referiram que a produção simulada de vagens de amendoim e grão-de-bico foi sobrestimada pelos modelos CROPGRO e CHIKPGRO, respetivamente.

Na *cv.* CO-4, a produção de vagens simulada estava de acordo com os valores observados no nível de fertilizante F2 com RMSE, MBE, MAE e PE comparativamente baixos de 127,02, 82, 101 e 4,8 respetivamente, seguido pelo nível de fertilizante F1 com RMSE, MBE, MAE e PE de 148,67, 145, 145 e 5,8 em comparação com a *cv.* GBM-1 e *cv.* GM-7. O valor do teste t mostra uma diferença não significativa entre o valor observado e o simulado para todos os tratamentos. A diferença não significativa no teste t mostrou a alta precisão do modelo.

Tabela 4.8: Comparação do valor observado com o simulado para a produção de vagens (kg ha^{-1}) em diferentes datas de sementeira e níveis de fertilizante

Variedades	Datas de sementeira	Níveis de fertilizantes (kg ha^{-1})			
		15-30-00 NPK CFJ		20-40-00 NPK CFJ	
		Observado	Simulado	Observado	Simulado
CO-4	27th Out. (D1)	2335	2502 (7.15%)	2294	2502 (9.06%)
	11th Nov. (O2)	2564	2665 (3.93%)	2693	2665 (-1.03%)
	26th Nov. (O3)	2769	2937 (6.06%)	2871	2937 (2.29%)
	MAE	145		101	
	MBE	145		82	
	RMSE	148.67		127.02	
	PE	5.8		4.8	
	teste t	NS (0,02)		NS (0,35)	
GBM-1	27th Out. (D1)	2170	1950 (-10,31%)	2165	1950 (-9.93%)
	11th Nov. (O2)	2231	2140 (-4.07%)	2391	2140 (-10.49%)
	26th Nov. (O3)	2491	2220 (-10.87%)	2573	2220 (-13.71%)

	MAE	194		273	
	MBE	-194		-273	
	RMSE	208.2		279.18	
	PE	9.1		11.7	
	teste t	NS (0,06)		NS (0,02)	
	27th Out. (D!)	1752	1851 (5.65%)	1681	1851 (10.11%)
	11th Nov. (O2)	1853	2038 (10%)	1870	2038 (8.98%)
	26th Nov. (D3)	2067	2229 (7.83%)	2120	2229 (5.14%)
GM-7	**MAE**	148.66		14	19
	MBE	148.66		149	
	RMSE	153.04		151.66	
	PE	8.1		8	
	teste t	NS (0,03)		NS (0,02)	

RMSE: Root mean square error (erro quadrático médio), MAE: Mean absolute error (erro absoluto médio), MBE: Mean bias error (erro de desvio médio)

EP: Erro percentual, NS: Não significativo

(O valor entre parêntesis indica o desvio percentual)

Fig. 4.7: Comparação do valor observado com o simulado para a produção de vagens (kg ha^{-1}) em diferentes datas de sementeira e níveis de fertilizante

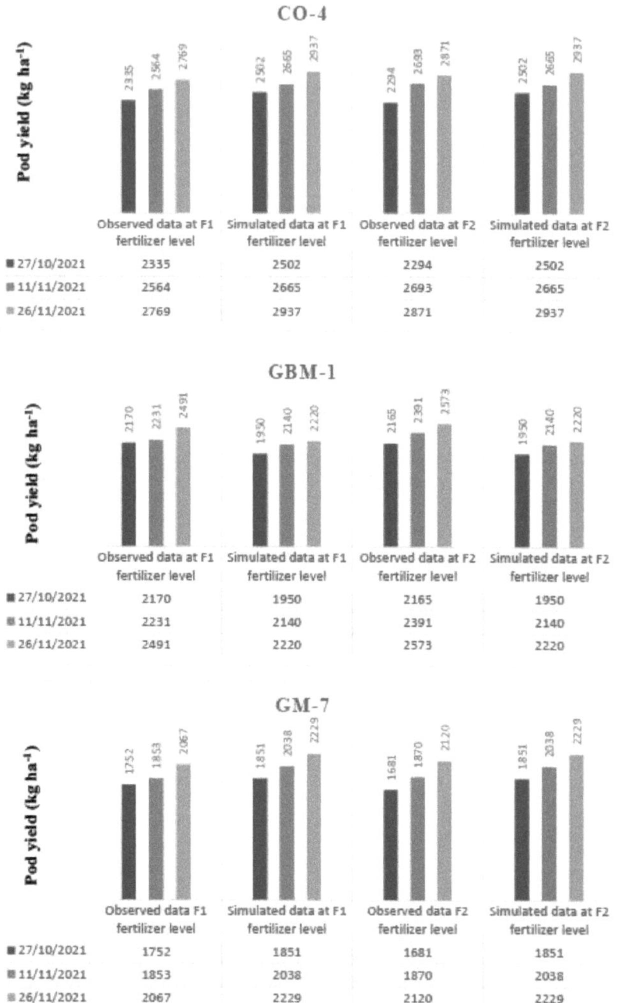

4.2.8 Altura da planta (cm)

Os dados observados e simulados para a altura da planta em diferentes datas de sementeira e níveis de fertilizante de genótipos de grama verde foram apresentados no Quadro 4.9 e mostrados na Fig. 4.8.

Observa-se que no dia 27 de outubro de semeadura foi observada uma previsão próxima na *cv.* GM-7 no nível de fertilizante F2 (5,26%) seguido pelo nível de fertilizante F1 (8,10%). Da mesma forma, na *cv.* GBM-1 observou-se uma previsão próxima ao nível de fertilizante F2 (6,81%) seguido pelo nível de fertilizante F1 (9,30%). Na *cv.* CO-4 a mesma predição foi observada em ambos os níveis de adubação (6,77%).

No [dia] 11 de novembro de sementeira, a previsão mais próxima foi observada na *cv.* GM-7 no nível de fertilizante F2 (2,56%) seguido pelo nível de fertilizante F1 (5,26%). Mas na *cv.* GBM-1 a previsão mais próxima foi observada no nível de fertilizante F1 (4,44%) seguido pelo nível de fertilizante F2 (6,81%). Na *cv.* CO-4, observou-se desvio percentual semelhante (6,66%) para os dois níveis de adubação.

O resultado mostrou que no [dia] 26 de novembro de sementeira foi observada uma previsão próxima na *cv.* CO-4 no nível de fertilizante F1 (-3,27%) seguido pelo nível de fertilizante F2 (4,83%). Da mesma forma, na *cv.* GBM-1 e *cv.* GM-7 foram observadas previsões próximas nos níveis de adubação F1 e F2.

O valor simulado da altura da planta foi subestimado pelo modelo quando comparado com o valor observado correspondente na terceira data de semeadura (D3) para todos os tratamentos. Mas na primeira e segunda datas (D1 e D2) de sementeira, a altura da planta simulada foi sobrestimada pelo modelo em todos os tratamentos. Este resultado estava de acordo com as conclusões de Rana S. (2021) e Patel K.G. (2018).

Na *cv.* CO-4, a altura de planta simulada estava em boa concordância com os valores observados no nível de fertilizante F2, com RMSE, MBE, MAE e PE comparativamente baixos de 3,69, 1,66, 3,66 e 2,76, respetivamente. Entre as três cultivares de grama verde, verificou-se uma boa concordância com os dados observados na *cv.* CO-4 seguida da *cv.* GM-7. O valor do teste t mostra uma diferença não significativa entre o valor observado e o simulado para todos os tratamentos. A diferença não significativa no teste t mostrou a alta precisão do modelo.

Quadro 4.9: Comparação dos valores observados e simulados para a altura das plantas (cm) em diferentes datas de sementeira e níveis de fertilizante

Variedades	Datas de sementeira	Níveis de fertilizantes (kg ha^{-1})			
		15-30-00 NPK (F1)		20-40-00 NPK (F2)	
		Observado	Simulado	Observado	Simulado
CO-4	27th Out. (D1)	59	63 (6.77%)	59	63 (6.77%)
	11th Nov. (D2)	60	64 (6.66%)	60	64 (6.66%)
	26th Nov. (D3)	61	59 (-3.27)	62	59 (-4.83%)
	MAE	3.33		3.66	
	MBE	2		1.66	
	RMSE	3.46		3.69	
	PE	3.33		2.76	
	teste t	NS (0,42)		NS (0,55)	
GBM-1	27th Out. (D1)	43	47 (9.30%)	44	47 (6.81%)
	11th Nov. (D2)	45	47 (4.44%)	44	47 (6.81%)
	26th Nov. (D3)	45	44 (-2.22%)	47	44 (-6.38%)
	MAE	2.33		3	
	MBE	1.66		1	
	RMSE	2.64		3	
	PE	6		6.7	
	teste t	NS (0,37)		NS (0,66)	
GM-7	27th Out. (D1)	37	40 (8.10%)	38	40 (5.26%)

	11th Nov. (D2)	38	40 (5.26%)	39	40 (2.56%)
	26th Nov. (D3)	38	37 (-2.63%)	39	37 (-5.12%)
	MAE	2		1.7	
	MBE	1.3		3	
	RMSE	2.16		1.7	
	PE	5.7		4.5	
	teste t	NS (0,38)		NS (0,80)	

RMSE: Root mean square error (erro quadrático médio), MAE: Mean absolute error (erro absoluto médio), MBE: Mean bias error (erro de desvio médio)

EP: Erro percentual, NS: Não significativo

(O valor entre parêntesis indica o desvio percentual)

Fig. 4.8: Comparação do valor observado com o simulado para a altura da planta (cm) em diferentes datas de sementeira e níveis de fertilizante

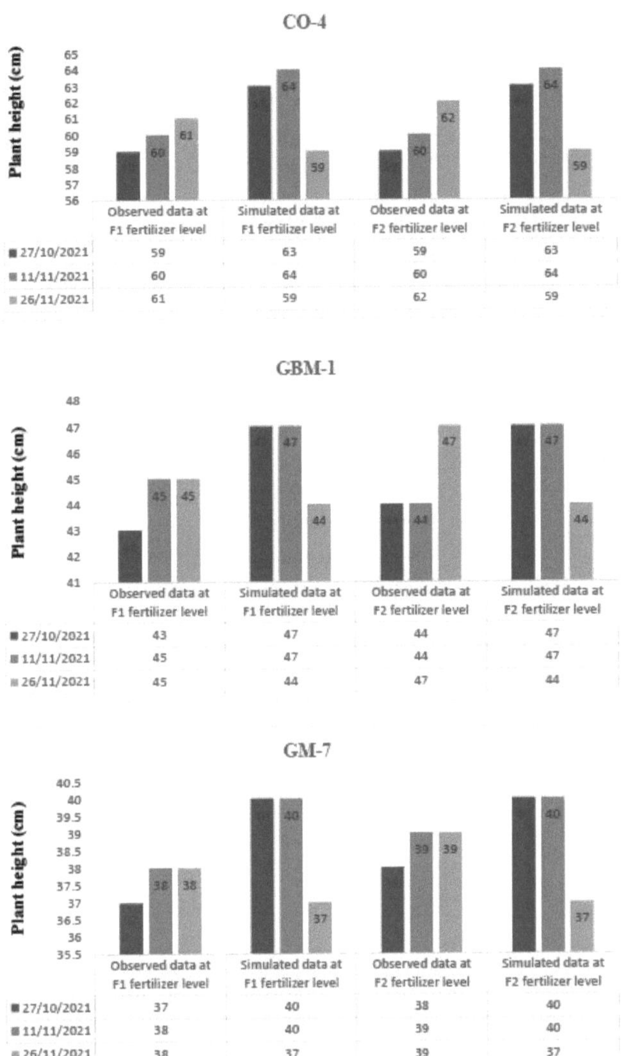

- **.2.9 Número de sementes por vagem^{-1}**

Os dados observados e simulados para o número de vagens de sementes $^{-1}$ em diferentes datas de sementeira e níveis de fertilizante de genótipos de grama verde foram apresentados no Quadro-4.10 e mostrados em Fig. 4.9

Os resultados mostraram que no ^{dia} 27 de outubro (D1) foi observada uma previsão próxima na *cv.* GBM-1 no nível de fertilizante F2 com 0% de desvio seguido pelo nível de fertilizante F1 (6,38%). Da mesma forma, uma previsão próxima foi observada *na cv.* CO-4 no nível de fertilizante F2 (5%) seguido pelo nível de fertilizante F1 (9,3%). Mas a previsão mais próxima foi observada na *cv.* GM-7 na F1 (0%) seguido pelo nível de fertilizante F2 (-2,91%).

No dia 11 de novembro de sementeira, observou-se uma previsão próxima na *cv.* GBM-1 no nível de fertilizante F1 (1,64%) seguido pelo nível de fertilizante F2 (2,63%). Mas na *cv.* CO-4 observou-se uma previsão próxima no nível de fertilizante F2 (2,94%) seguido pelo nível de fertilizante F1 (3,6%). Da mesma forma, na *cv.* GM-7, observou-se uma previsão próxima no nível de fertilizante F2 (2,04%) seguido pelo nível de fertilizante F1 (7,52%).

Os resultados mostraram que, no dia 26 de novembro, a previsão mais próxima foi observada na *cv.* CO-4 no nível de fertilizante F2 (0,96%) seguido pelo nível de fertilizante F1 (5,7%). Da mesma forma, a previsão mais próxima foi observada *na cv.* GBM-1 e *cv.* GM-7 no nível de fertilização F2 (5,31 e 1,01%) seguido pelo nível de fertilização F1 (10,87 e 5,26%).

O valor simulado do número de sementes vagem^{-1} foi superestimado pelo modelo quando comparado com o valor observado correspondente para todos os tratamentos, exceto na primeira data de semeadura (D1) na *cv.* GM-7 no nível de fertilizante F2, o valor simulado do número de sementes por vagem^{-1} foi subestimado pelo modelo. Este resultado foi bem alinhado com a descoberta de Patel K.G. (2018).

Na *cv.* GM-7, o número simulado de sementes por vagem^{-1} concordou bem com os valores observados no nível de fertilizante F2, com RMSE, MBE, MAE e PE comparativamente baixos de 0,216, 0,20, 0,20 e 2,2, respetivamente, seguidos pelo nível de fertilizante F1. CO-4, o número simulado de sementes por vagem $^{-1}$ estava de acordo com os valores observados no nível de fertilizante F2, com RMSE, MBE, MAE e PE comparativamente baixos de 0,34, 0,3, 0,3 e 2,94, respetivamente, seguidos pelo nível de fertilizante F1. Resultado semelhante foi encontrado na *cv.* GBM-1 ao nível de fertilizante F2 com RMSE, MBE, MAE e PE comparativamente baixos de 0,343, 0,26, 0,26 e 3,4, respetivamente, seguidos pelo nível de fertilizante F1. O valor do teste t mostra uma diferença não significativa entre os valores observados e simulados para todos os tratamentos. A diferença não significativa no teste t mostra a elevada exatidão do modelo.

Tabela 4.10: Comparação do valor observado com o simulado para o número de sementes em vagem $^{-1}$ em diferentes datas de semeadura e níveis de fertilizante

Variedades	Datas de sementeira	Níveis de fertilizantes (kg ha^{-1})			
		15-30-00 NPK CFJ		20-40-00 NPK CFJ	
		Observado	Simulado	Observado	Simulado
CO-4	27th Out. (D1)	9.60	10.50 (9.3%)	10	10.50 (5%)
	11th Nov. (O2)	10.13	10.50 (3.6%)	10.2	10.50 (2.94%)
	26th Nov. (O3)	9.93	10.50 (5.7%)	10.4	10.50 (0.96%)
	MAE	0.61		0.3	
	MBE	0.61		0.3	
	RMSE	0.65		0.34	
	PE	6.20		2.94	
	teste t	NS (0,06)		NS (0,12)	
GBM-1	27th Out. (D1)	9.87	10.50 (6.38%)	10.50	10.50 (0%)
	11th Nov. (O2)	10.33	10.50 (1.64%)	10.23	10.50 (2.63%)
	26th Nov. (O3)	9.47	10.50 (10.87%)	9.97	10.50 (5.31%)
	MAE	0.61		0.26	

	MBE	0.61		0.26	
	RMSE	0.704		0.343	
	PE	7.1		3.4	
	teste t	NS (0,13)		NS (0,22)	
GM-7	**27th Out. (D!)**	10	10 (0%)	10.3	10 (-2.91)
	11th Nov. (O2)	9.3	10 (7.52%)	9.8	10 (2.04%)
	26th Nov. (D3)	9.5	10 (5.26%)	9.9	10 (1.01%)
	MAE	0.40		0.20	
	MBE	0.40		0.20	
	RMSE	0.497		0.216	
	PE	5.2		2.2	
	teste t	NS (0,19)		NS (1,00)	

RMSE: Root mean square error (erro quadrático médio), MAE: Mean absolute error (erro absoluto médio), MBE: Mean bias error (erro de desvio médio)

EP: Erro percentual, NS: Não significativo

(O valor entre parêntesis indica o desvio percentual)

Fig. 4.9: Comparação do valor observado com o simulado para o número de sementes vagem-1 em diferentes datas de sementeira e níveis de fertilizante

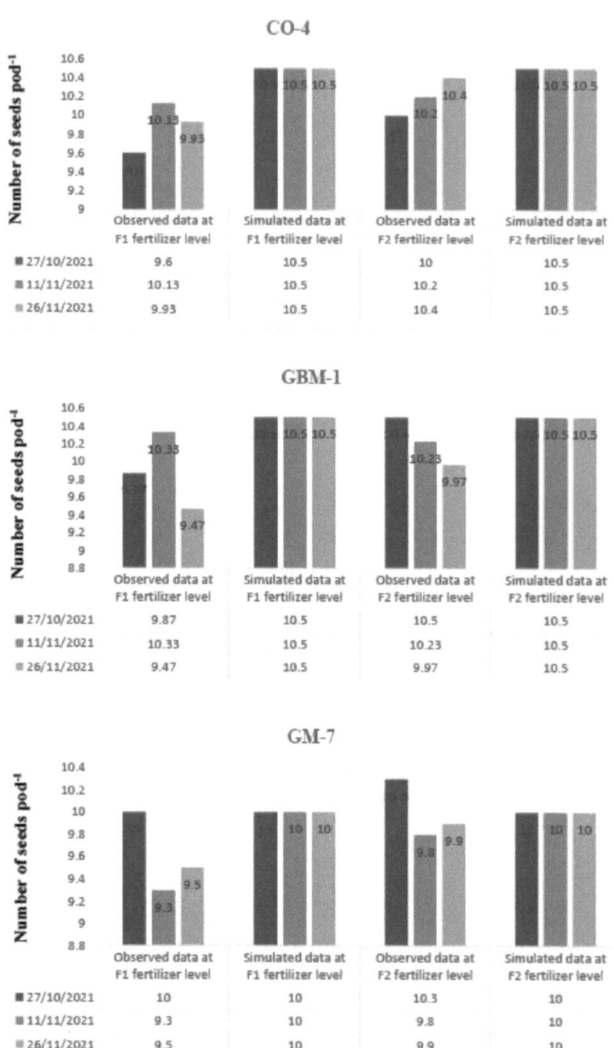

4.2.10 Número de vagens m^{-2}

Os dados observados e simulados para um número de vagens m^{-2} em diferentes datas de sementeira e níveis de fertilizante de genótipos de grama verde foram apresentados no Quadro 4.11 e mostrados na Fig. 4.10

O resultado revelou que no dia 27 de outubro de sementeira foi observada a previsão mais próxima na *cv.* GM-7 no nível de fertilizante F1 (-2,29%) seguido pelo nível de fertilizante F2 (7,24%). Da mesma forma, na *cv.* GBM-1 a previsão mais próxima foi observada no nível de fertilizante F1 (11,42%) seguido pelo nível de fertilizante F2 (-17,66%). Mas na *cv.* CO-4 observou-se uma previsão próxima ao nível de fertilizante F2 (-9,24%) seguido pelo nível de fertilizante F1 (-11,90%).

No dia 11 de novembro de sementeira, a previsão mais próxima foi observada na *cv.* GM-7 no nível de fertilizante F2 (-3,71%) seguido pelo nível de fertilizante F1 (-5%). Mas na *cv.* CO-4 a previsão mais próxima foi observada no nível de fertilizante F1 (-8,74%) seguido pelo nível de fertilizante F1 (10,30%). Similarmente, na *cv.* GBM-1, observou-se uma previsão próxima ao nível de fertilizante F1 (8,22%) seguido pelo nível de fertilizante F2 (-11,66%).

Os resultados mostraram que, no dia 26 de novembro, a previsão mais próxima foi observada na *cv.* GM-7 no nível de fertilizante F1 (1,92%) seguido pelo nível de fertilizante F2 (2,46%). Um resultado similar foi encontrado na *cv.* GBM-1 e *cv.* CO-4. Os dados simulados foram bem concordantes com os dados observados na data de semeadura tardia (D3) em comparação com outras datas de semeadura em três cultivares.

Os dados simulados do número de vagens m^{-2} foram subestimados pelo modelo quando comparados com o valor observado correspondente em todos os tratamentos, exceto na *cv.* GM-7 na terceira data de semeadura (D3) no nível de fertilizante F1, que foi superestimado pelo modelo. Este tipo de resultado também foi relatado por Patel K.G. (2018).

Na *cv.* GM-7, o número simulado de vagens m^{-2} foi bem concordante com os valores observados no nível de fertilizante F1, com RMSE, MBE, MAE e PE comparativamente baixos de 9,95, -5, 9 e 3,4, respetivamente, seguidos pelo nível de fertilizante F1. Da mesma forma, na *cv.* GBM-1 e *cv.* CO-4, verificou-se uma boa concordância com os dados observados no nível de fertilizante F1, seguido do nível de fertilizante F2. A maior concordância com os dados observados foi observada na *cv.* GM-7 em comparação com outras cultivares.

O valor do teste t mostra uma diferença não significativa entre o valor observado e o simulado para todos os tratamentos. A diferença não significativa no teste t mostrou a elevada precisão do modelo.

Tabela 4.11: Comparação do valor observado com o simulado para o número de vagens m^{-2} em diferentes datas de sementeira e níveis de fertilizante

Variedades	Datas de sementeira	Níveis de fertilizantes (kg ha^{-1})			
		15-30-00 NPK (F1)		20-40-00 NPK (F)	
		Observado	Simulado	Observado	Simulado
CO-4	27th Out. (D1)	546	481 (-11.90)	530	481 (-9.24%)
	11th Nov. (D2)	572	522 (-8.74)	582	522 (-10.30%)
	26th Nov. (D3)	619	584 (-5.65)	633	584 (-7.74%)
	MAE	50		52.66	
	MBE	-50		-52.66	
	RMSE	51.47		52.92	
	PE	8.9		9.1	
	teste t	NS (0,03)		NS (0,005)	
GBM-1	27th Out. (D1)	420	372 (-11.42%)	452	372 (-17.66%)
	11th Nov. (D2)	462	424 (-8.22%)	480	424 (-11.66%)
	26th Nov. (D3)	533	489 (-8.25%)	541	489 (-9.61%)

	MAE	43.33		62.66	
	MBE	-43.33		-62.66	
	RMSE	43.52		63.87	
	PE	9.2		13	
	teste t	NS (0,004)		NS (0,019)	
GM-7	**27th Out. (D1)**	262	256 (-2.29%)	276	256 (-7.24%)
	11th Nov. (D2)	300	285 (-5%)	296	285 (-3.71%)
	26th Nov. (D3)	311	317 (1.92%)	325	317 (-2.46%)
	MAE	9		13	
	MBE	-5		-13	
	RMSE	9.95		13.96	
	PE	3.4		4.7	
	teste t	NS (0,50)		NS (0,07)	

RMSE: Root mean square error (erro quadrático médio), MAE: Mean absolute error (erro absoluto médio), MBE: Mean bias error (erro de desvio médio)

EP: Erro percentual, NS: Não significativo

(O valor entre parêntesis indica o desvio percentual)

Fig. 4.10: Comparação do valor observado com o simulado para o número de vagens m^{-2} em diferentes datas de sementeira e níveis de fertilizante

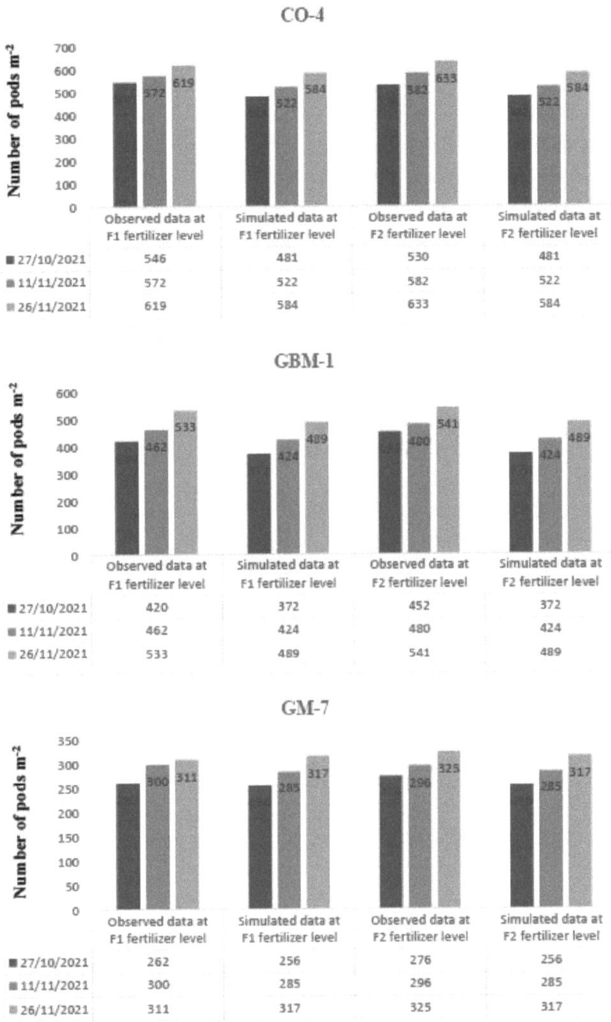

4.2.11 Peso da vagem (g)

Os dados observados e simulados para o peso das vagens em diferentes datas de sementeira e níveis de fertilizante de genótipos de grama verde foram apresentados no Quadro 4.12 e mostrados na Fig. 4.11

No dia 27 de outubro de sementeira foi observada uma previsão próxima na *cv.* CO-4 no nível de fertilizante F1 (-0,85%) seguido pelo nível de fertilizante F2 (1,75%). Da mesma forma, na *cv.* GM-7 observou-se uma previsão próxima ao nível de fertilizante F1 (4,03%) seguido pelo nível de fertilizante F2 (5,89%). Mas na *cv.* GBM-1 a previsão mais próxima foi observada no nível de fertilizante F2 (2,21%) seguido pelo nível de fertilizante F1 (4,23%).

O resultado revelou que na sementeira de 11 de novembro foi observada uma previsão próxima na *cv.* CO-4 no nível de fertilizante F1 (-1,24%) seguido pelo nível de fertilizante F2 (6,74%). Da mesma forma, na *cv.* GBM-1 observou-se uma previsão próxima ao nível de fertilizante F1 (4,74%) seguido pelo nível de fertilizante F2 (- 8,57%). Mas na *cv.* GM-7 a previsão foi observada no nível de fertilizante F2 (3,87%) seguido pelo nível de fertilizante F1 (8,64%).

No dia 26 de novembro de sementeira, observou-se uma previsão próxima na *cv.* CO-4 no nível de fertilizante F1 (-8,90%) seguido pelo nível de fertilizante F2 (-9,94%). Mas na *cv.* GBM-1 a previsão foi observada no nível de fertilizante F2 (-9,14%) seguido pelo nível de fertilizante F1 (10,24%). Um resultado semelhante foi observado na *cv.* GM-7, a previsão mais próxima foi observada no nível de fertilizante F2 (2,65%) seguido pelo nível de fertilizante F1 (6,61%).

O peso de vagem simulado foi superestimado pelo modelo quando comparado com o valor observado correspondente na *cv.* GM-7 nos dois níveis de adubação e nas três datas de semeadura. Na *cv.* GBM-1, o peso de vagem simulado foi superestimado pelo modelo na primeira data de semeadura (D1) e subestimado na segunda (D2) e terceira (D3) datas de semeadura em ambos os níveis de adubação. Na *cv.* CO-4, o peso de vagem simulado foi subestimado pelo modelo para todos os tratamentos, exceto na primeira data de semeadura (D1) com o nível de fertilizante F2.

Na *cv.* GM-7, os dados simulados foram bem concordantes com os dados observados, em comparação com outras cultivares. O valor de RMSE, MBE e PE foi de 0,017, 0,016 e 4,4, respetivamente, no nível de fertilizante F2. O valor do teste t mostra uma diferença não significativa entre o valor observado e o simulado para todos os tratamentos. A diferença não significativa no teste t mostrou a elevada exatidão do modelo.

Tabela 4.12: Comparação do valor observado com o simulado para o peso da vagem (g) em diferentes datas de sementeira e níveis de fertilizante

Variedades	Datas de sementeira	Níveis de fertilizantes (kg ha^{-1})			
		15-30-00 NPK (F1)		20-40-00 NPK (F2)	
		Observado	Simulado	Observado	Simulado
CO-4	27th Out. (D1)	0.351	0.348 (-0.85%)	0.342	0.348 (1.75%)
	11th Nov. (D2)	0.322	0.318 (-1.24%)	0.341	0.318 (-6.74%)
	26th Nov. (D3)	0.348	0.317 (-8.90%)	0.352	0.317 (-9.94%)
	MAE	0.013		0.021	
	MBE	-0.013		-0.017	
	RMSE	0.018		0.024	
	PE	5.3		7.1	
	teste t	NS (0,30)		NS (0,29)	
GBM-1	27th Out. (D1)	0.354	0.369 (4.23%)	0.361	0.369 (2.21%)
	11th Nov. (D2)	0.358	0.341 (-4.74%)	0.373	0.341 (-8.57%)
	26th Nov. (D3)	0.332	0.298 (-10.24%)	0.328	0.298 (-9.14%)

	MAE	0.022		0.023	
	MBE	-0.012		-0.018	
	RMSE	0.024		0.026	
	PE	6.8		7.3	
	teste t	NS (0,50)		NS (0,30)	
GM-7	27th Out. (D1)	0.397	0.413 (4.03%)	0.390	0.413 (5.89%)
	11th Nov. (O2)	0.370	0.402 (8.64%)	0.387	0.402 (3.87%)
	26th Nov. (O3)	0.363	0.387 (6.61%)	0.377	0.387 (2.65%)
	MAE	0.024		0.016	
	MBE	0.024		0.016	
	RMSE	0.025		0.017	
	PE	6.6		4.4	
	teste t	NS (0,04)		NS (0,05)	

RMSE: Root mean square error (erro quadrático médio), MAE: Mean absolute error (erro absoluto médio), MBE: Mean bias error (erro de desvio médio)

EP: Erro percentual, NS: Não significativo

(O valor entre parêntesis indica o desvio percentual)

Fig. 4.11: Comparação do valor observado com o simulado para o peso da vagem (g) em diferentes datas de sementeira e níveis de fertilizante

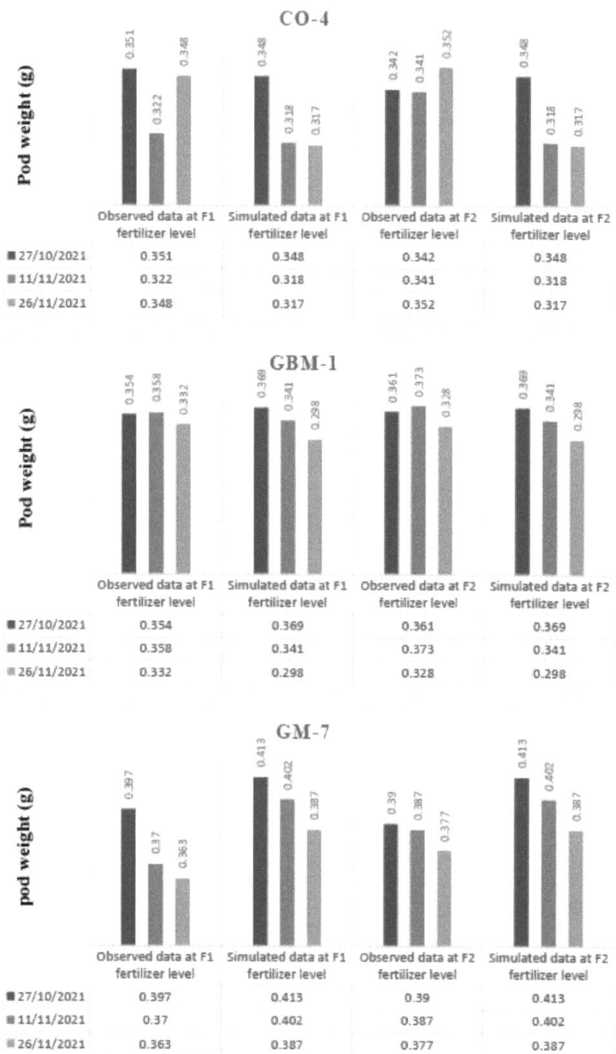

4.2.12 Índice de colheita

Os dados observados e simulados para o índice de colheita em diferentes datas de sementeira e níveis de fertilizante de genótipos de grama verde foram apresentados no Quadro 4.13 e mostrados na Fig. 4.12

Em 27 de outubro de semeadura, observou-se uma previsão próxima na *cv.* GM-7 no nível de fertilizante F1 (14,28%) seguido pelo nível de fertilizante F2 (14,97%). Da mesma forma, na *cv.* CO-4, observou-se uma previsão próxima ao nível de fertilizante F2 (21,62%) seguido pelo nível de fertilizante F1 (23,71%). Mas na *cv.* GBM-1 a previsão mais próxima foi observada no nível de fertilizante F1 (15,15%) seguido pelo nível de fertilizante F2 (22,25%).

O resultado revelou que na semeadura de 11 de novembro foi observada uma previsão próxima na *cv.* CO-4 no nível de fertilizante F2 (10,22%) seguido pelo nível de fertilizante F1 (11,45%). Da mesma forma, na *cv.* GBM-1 observou-se uma previsão próxima ao nível de fertilizante F2 (13,87%) seguido pelo nível de fertilizante F1 (15,07%). Mas na *cv.* GM-7 a previsão foi observada no nível de fertilizante F1 (5,94%) seguido pelo nível de fertilizante F2 (13,67%).

No dia 26 de novembro de sementeira, observou-se uma previsão próxima na *cv.* CO-4 no nível de fertilizante F1 (7,75%) seguido pelo nível de fertilizante F2 (11,32%). Mas na *cv.* GBM-1 a previsão foi observada no nível de fertilizante F2 (2,79%) seguido pelo nível de fertilizante F1 (7,42%). Um resultado semelhante foi observado na *cv.* GM-7, a previsão mais próxima foi observada no nível de fertilizante F2 (6,55%) seguido pelo nível de fertilizante F1 (7,78%).

Entre as três datas de semeadura, a previsão mais próxima foi observada na terceira data de semeadura (D3). O valor simulado do índice de colheita foi superestimado pelo modelo quando comparado com o valor observado correspondente em todos os tratamentos. Este resultado seguiu a constatação de Silawat *et al.* (2016) e Pandey *et al.* (2019), que concluíram que o valor simulado do índice de colheita da cultura do grão-de-bico foi sobrestimado pelo modelo CROPGRO-Chickpea.

Entre as três cultivares, *a cv.* GM-7 no nível de fertilizante F1 apresentou boa concordância entre os valores observados e simulados com baixo RMSE, PE e MBE de 0,034, 9,9 e 0,032 seguido pelo nível de fertilizante F2. O valor do teste t mostra uma diferença não significativa entre o valor observado e o simulado para todos os tratamentos. A diferença não significativa no teste t mostra a elevada exatidão do modelo.

Tabela 4.13: Comparação do valor observado com o simulado para o índice de colheita em diferentes datas de sementeira e níveis de fertilizante

Variedades	Datas de sementeira	Níveis de fertilizantes (kg ha^{-1})			
		15-30-00 NPK (F1)		20-40-00 NPK (F)	
		Observado	Simulado	Observado	Simulado
CO-4	27th Out. (D1)	0.350	0.433 (23.71%)	0.356	0.433 (21.62%)
	11th Nov. (D2)	0.358	0.399 (11.45%)	0.362	0.399 (10.22%)
	26th Nov. (D3)	0.374	0.403 (7.75%)	0.362	0.403 (11.32%)
	MAE	0.051		0.052	
	MBE	0.051		0.052	
	RMSE	0.056		0.055	
	PE	15.5		15.2	
	teste t	NS (0,09)		NS (0,06)	
GBM-1	27th Out. (D1)	0.396	0.456 (15.15%)	0.373	0.456 (22.25%)
	11th Nov. (D2)	0.378	0.435 (15.07%)	0.382	0.435

					(13.87%)
	26th Nov. (D3)	0.377	0.405 (7.42%)	0.394	0.405 (2.79%)
	MAE	0.048		0.049	
	MBE	0.048		0.049	
	RMSE	0.050		0.057	
	PE	13.1		14.9	
	teste t	NS (0,04)		NS (0,14)	
GM-7	**27th Out. (D1)**	0.336	0.384 (14.28%)	0.334	0.384 (14.97%)
	11th Nov. (D2)	0.353	0.374 (5.94%)	0.329	0.374 (13.67%)
	26th Nov. (D3)	0.347	0.374 (7.78%)	0.351	0.374 (6.55%)
	MAE	0.032		0.039	
	MBE	0.032		0.039	
	RMSE	0.034		0.041	
	PE	9.9		12.1	
	teste t	NS (0,06)		NS (0,04)	

RMSE: Root mean square error (erro quadrático médio), MAE: Mean absolute error (erro absoluto médio), MBE: Mean bias error (erro de desvio médio)

EP: Erro percentual, NS: Não significativo

(O valor entre parêntesis indica o desvio percentual)

Fig. 4.12: Comparação do valor observado com o simulado para o índice de colheita em diferentes datas de sementeira e níveis de fertilizante

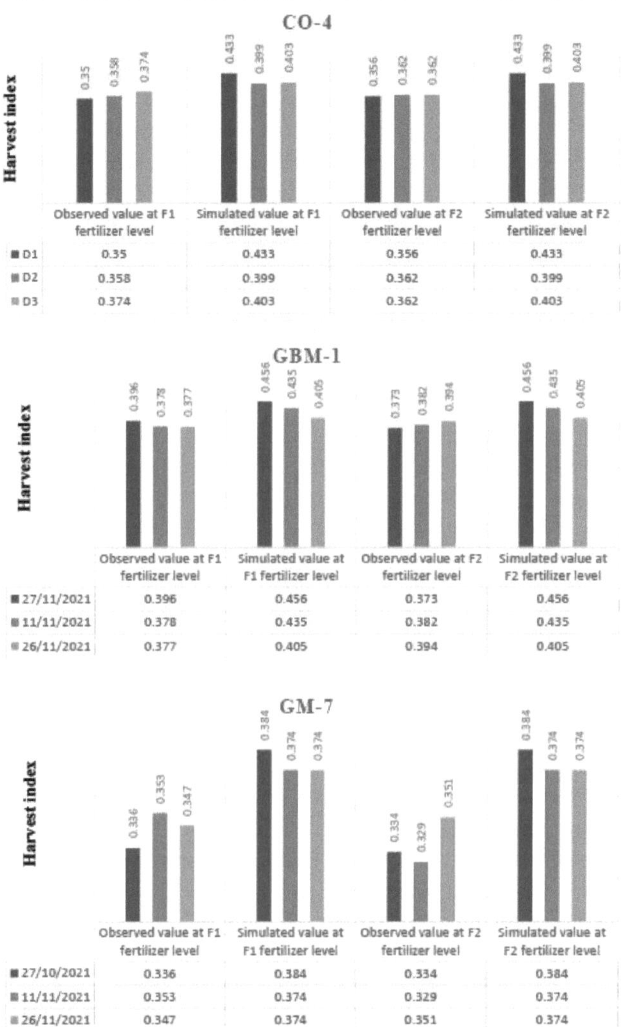

4.3 Resultados experimentais no terreno

A experiência de campo, que constituiu a base desta investigação, foi realizada durante a época *rabi* do ano 2021-22 para determinar várias caraterísticas relativas ao crescimento, desenvolvimento e rendimento da cultura de grama verde sob a combinação de três datas de sementeira e níveis de fertilizantes. Os objectivos da experiência de campo eram descobrir a melhor combinação de tratamentos que resultasse no maior rendimento.

4.3.1 Rendimento de sementes (kg ha^{-1})

Os dados médios relativos ao rendimento das sementes (kg ha$^{-1)}$ foram registados e apresentados no quadro 4.14.

4.3.1.1 Efeito das datas de sementeira

Os resultados mostraram que a produção de sementes (kg ha^{-1}) foi significativamente influenciada pelas datas de sementeira. O rendimento de sementes significativamente mais elevado (1456 kg ha^{-1}) foi registado na data de sementeira de 26 de novembro (D3), seguida da data de sementeira de 11 de novembro (D2). A data de 27 de outubro (D1) registou o menor rendimento de sementes (1270 kg ha^{-1}). A produção de sementes foi mais elevada na terceira data de sementeira (D3) devido ao facto de as temperaturas máximas e mínimas serem mais baixas, o que aumenta a duração da fenologia da cultura e a cultura tem muito mais tempo para a fotossíntese, resultando numa maior produção de sementes. A queda da produção de sementes na primeira e segunda datas (D1 e D2) de sementeira pode dever-se ao facto de as temperaturas máxima e mínima serem mais elevadas durante as fases vegetativa e reprodutiva. A temperatura máxima durante a fase reprodutiva teve uma correlação negativa com o número de vagens e a produção de sementes (Tyagi P.K., 2014). Um resultado semelhante foi registado por Kumar *et al.* (2020) e Makone *et al.* (2015).

4.3.1.2 Efeito dos genótipos

O rendimento de sementes (kg ha^{-1}) foi significativamente influenciado pelos genótipos (Tabela 4.14). O rendimento máximo de sementes foi registado (1646 kg $ha^{-1)}$ na *cv.* CO-4 seguido pela *cv.* GBM-1 (1345 kg $ha^{-1)}$. A produção de sementes significativamente mais baixa (1092 kg $ha^{-1)}$ foi registada na *cv.* GM-7. O rendimento de sementes manteve-se na ordem de *cv.* CO-4 > *cv.* GBM-1 > *cv.* GM-7.

4.3.1.3 Efeito dos níveis de fertilizantes

A partição de dados para os níveis de fertilizante influenciou significativamente a produção de sementes (kg ha^{-1}). A produção máxima de sementes (1439 kg ha^{-1}) foi registada com o tratamento F2 (20-4000 NPK kg $ha^{(-1}$)). O tratamento F1 (15-30-00 NPK kg ha^{-1}) observou uma redução significativa na produção de sementes (1282 kg $ha^{(-1}$)). A produção de sementes aumentou com um aumento na taxa de N e P de 15-30 para 20-40 NP kg ha^{-1}.

4.3.1.4 Efeito de interação

A interação entre as datas de sementeira, os genótipos e os níveis de fertilizante foi considerada não significativa com a respectiva produção de sementes (kg $ha^{-1)}$.

4.3.2 Rendimento de vagens (kg ha^{-1})

Os dados médios sobre a produção de vagens (kg $ha^{-1)}$ são apresentados no Quadro 4.14.

4.3.2.1 Efeito das datas de sementeira

Os resultados mostraram que a produção de vagens (kg ha^{-1}) foi significativamente influenciada pelas datas de sementeira. A produção de vagens significativamente mais elevada (2482 kg ha^{-1}) foi registada na data de sementeira de 26 de novembro (D3), seguida da data de sementeira de 11 de novembro (D2) (2295 kg ha^{-1}). A data de sementeira de 27 de outubro (D1) registou o rendimento de vagens mais baixo (2066 kg ha^{-1}). A produção de vagens foi maior na terceira data de sementeira (D3) devido às temperaturas máxima e mínima mais baixas.

4.3.2.2 Efeito dos genótipos

A produção de vagens (kg ha^{-1}) foi significativamente influenciada pelos genótipos. A produção máxima de vagens observada (2588 kg $ha^{-1)}$ na *cv.* CO-4 seguido pela *cv.* GBM-1 (2337 kg $ha^{-1)}$. A produção de vagens significativamente mais baixa (1919 kg ha^{-1}) foi registada no tratamento *cv.* GM-7. A produção de vagens manteve-se na ordem de *cv.* CO-4 > *cv.* GBM-1 > *cv.* GM-7.

4.3.2.3 Efeito dos níveis de fertilizantes

A partição dos dados para os níveis de fertilizantes não foi significativamente influenciada pela produção de vagens (kg ha^{-1}).

4.3.2.4 Efeito de interação

A interação entre as datas de sementeira, os genótipos e os níveis de fertilizante foi considerada não significativa no que respeita à produção de vagens (kg ha^{-1}).

4.3.3 Peso da vagem (g)

Os dados médios sobre o peso das vagens (g) são apresentados no Quadro 4.14.

4.3.3.1 Efeito das datas de sementeira

Os resultados mostraram que o peso das vagens (g) foi significativamente influenciado pelas datas de sementeira. O peso de vagem significativamente mais elevado (0,366 g) foi registado na data de sementeira de 11 de outubro (D1), seguido da data de sementeira de 11 de novembro (D2). A 26 de novembro (D3) registou o menor peso de vagem (0,350 g).

4.3.3.2 Efeito dos genótipos

peso da vagem (g)) foi influenciado significativamente pelos genótipos. O peso máximo de vagem observado (0,381 g) na *cv.* GM-7 seguido da *cv.* GBM-1 (0.351 g). O peso de vagem significativamente mais baixo (0,343 g) foi registado na *cv.* CO-4.

4.3.3.3 Efeito dos níveis de fertilizantes

A partição de dados para os níveis de fertilizantes influenciou o rendimento de vagens (g) de forma não significativa. O peso máximo das vagens (0,361 g) foi registado no tratamento F2 (20-4000 NPK kg ha^{-1}). O tratamento F1 (15-30-00 NPK kg $ha^{-1)}$ observou uma redução significativa no peso das vagens (0,355 g).

4.3.3.4 Efeito de interação

A interação entre as datas de sementeira, os genótipos e os níveis de fertilizante foi considerada não significativa no que respeita ao peso das vagens (g).

4.3.4 Número de ramos da planta^{-1}

Os dados médios relativos ao número de ramos da planta $^{-1}$ foram registados e apresentados no Quadro 4.14.

4.3.4.1 Efeito das datas de sementeira

Os resultados mostraram que a planta de ramos $^{-1}$ foi significativamente influenciada pelas datas de sementeira. A planta com maior número de ramos^{-1} (4,4) foi registada na data de sementeira de 27 de outubro (D1), seguida da data de sementeira de 11 de novembro (D2). A data de 26 de novembro (D2) registou a planta com menos ramos^{-1} (4,1).

4.3.4.2 Efeito dos genótipos

A planta de ramos $^{-1}$ foi influenciada significativamente pelos genótipos. Máximo de ramos planta^{-1} observado (5,2) na *cv.* CO-4 seguido da *cv.* GBM-1 (4.3). O valor significativamente mais baixo (3,4) foi observado no tratamento *cv.* GM-7.

4.3.4.3 Efeito dos níveis de fertilizantes

A partição dos dados para os níveis de fertilizantes influenciou os ramos planta$^{(-1)\ de}$ forma não significativa.

4.3.4.4 Efeito de interação

A interação entre as datas de sementeira, os genótipos e os níveis de fertilizante foi considerada não significativa no que diz respeito aos ramos da planta $^{-1}$.

4.3.5 Índice de colheita (%)

Os dados médios do índice de colheita (%) foram registados e apresentados no Quadro 4.15.

4.3.5.1 Efeito das datas de sementeira

Os resultados mostraram que o índice de colheita (%) foi significativamente influenciado pelas datas de sementeira. O índice de colheita significativamente mais elevado (36,75%) foi registado na data de sementeira de 26 de novembro (D3), seguido da data de sementeira de 11 de novembro (D2). A sementeira de 27 de outubro (D1) registou o índice de colheita mais baixo (35,35%). Em suma, o índice de colheita aumentou com o atraso da sementeira. Isso foi confirmado por Biswas *et al.* (2019), que relataram que o índice de colheita aumenta com a semeadura tardia na grama verde de verão.

4.3.5.2 Efeito dos genótipos

O índice de colheita (%) foi influenciado significativamente pelos genótipos. O índice de colheita máximo foi registado (38,21 %) na *cv.* GBM-1 seguido pela *cv.* CO-4 (35,67 %). O índice de colheita significativamente mais baixo (33,98 %) foi registado na *cv.* GM-7. O índice de colheita (%) manteve-se na ordem de *cv.* GBM-1 > *cv.* CO-4 > *cv.* GM-7.

4.3.5.3 Efeito dos níveis de fertilizantes

A partição de dados para os níveis de fertilizantes não influenciou significativamente o índice de colheita (%). O índice de colheita máximo (36,05 %) foi registado com o tratamento F2 (20-40-00 NPK kg ha$^{-1)}$.

4.3.5.4 Efeito de interação

A interação entre as datas de sementeira, os genótipos e os níveis de fertilizante foi considerada não significativa no que respeita ao índice de colheita (%).

4.3.6 Número de vagens da planta $^{-1}$

Os dados médios relativos ao número de vagens por planta $^{-1}$ foram registados e apresentados no quadro 4.15.

4.3.6.1 Efeito das datas de sementeira

As datas de sementeira tiveram um impacto substancial na quantidade de vagens plantadas^{-1}, de acordo com os resultados. O maior número de vagens planta^{-1} (20) foi registado no dia 27 de outubro (D1), seguido do dia 11 de novembro (19) (D2). A menor planta de vagem $^{-1}$ foi registada na data de sementeira tardia (18). Rao *et al.* (2018) e Rehman *et al.* (2009), descobriram que a planta de vagens $^{-1}$ foi significativamente influenciada pelas datas de semeadura em grama verde.

4.3.6.2 Efeito dos genótipos

O número de vagens planta^{-1} foi significativamente influenciado pelos genótipos. O número máximo de vagens planta^{-1} observado (28) na *cv.* CO-4 seguido pela *cv.* GBM-1 (18). O número significativamente mais baixo (10,95) foi observado no tratamento cv. GM-7. O número de vagens planta^{-1} permanece na ordem da *cv.* CO-4 > *cv.* GBM-1 > *cv.* GM-7.

4.3.6.3 Efeito dos níveis de fertilizantes

A distribuição dos dados por níveis de fertilizante influenciou significativamente o número de plantas de vagens^{-1}. O número máximo de vagens planta^{-1} (20) foi registado com o tratamento F2 (20-40-00 NPK kg ha^{-1}).

Tabela 4.14: Rendimento de sementes, rendimento de vagens, peso de vagens e número de ramos da planta $^{-1}$ influenciados por vários tratamentos

Tratamento	Rendimento das sementes (Kg ha^{-1})	Rendimento de vagens (Kg ha^{-1})	Peso do casulo (g)	Número de ramos da planta^{-1}

Variedades				
CO-4 (Vi)	1646	2588	0.343	5.2
GBM-1 (V2)	1345	2337	0.351	4.3
GM-7 (V3)	1092	1919	0.381	3.4
SEm±	19.53	29.32	0.003	0.089
C. D. a 5%	61.52	92.35	0.008	0.280
Gestão de Fertilizantes				
15-30-00 NPK (Fi)	1283	2248	0.355	4.3
20-40-00 NPK (F2)	1439	2314	0.361	4.3
SEm±	15.95	23.94	0.002	0.072
C. D. a 5%	50.23	NS	NS	NS
CV (%)	5.94	5.45	-	8.7
Data de sementeira				
27th outubro (Di)	1270	2066	0.366	4.4
11th novembro (D 2)	1357	2295	0.359	4.3
26th novembro (D 3)	1456	2482	0.350	4.1
SEm±	11.77	26.29	0.002	0.075
C. D. a 5%	34.38	76.77	0.006	0.219
CV (%)	3.60	4.89	-	7.3
Interação				
V x F				
SEm±	27.62	41.47	0.004	0.126
C. D. a 5%	NS	NS	NS	NS
V x D				
SEm±	20.39	45.54	0.004	0.130
C. D. a 5%	NS	NS	0.011	NS
F x D				
SEm±	16.65	37.18	0.003	0.106
C. D. a 5%	NS	108.57	0.009	NS
V x F x D				
SEm±	28.84	64.41	0.005	0.184
C. D. a 5%	NS	NS	NS	NS

Tabela 4.15: Índice de colheita, número de vagens da planta^{-1}, número de sementes da vagem^{-1} e peso de 100 sementes influenciados por vários tratamentos

Tratamento	**Índice de colheita (%)**	**Número de vagens da planta^{-1}**	**Número de sementes da vagem^{-1}**	**100 peso da semente (g)**
Variedades				
CO-4 (Vi)	35.67	28	10.17	4.12
GBM-1 (V2)	38.21	18	10.08	4.06
GM-7 (V3)	33.98	12	9.54	4.88
SEm±	0.332	0.279	0.133	0.025
C. D. a 5%	1.046	0.877	0.148	0.080
Gestão de Fertilizantes				

15-30-00 NPK (Fi)	35.85	19	9.70	4.34
20-40-00 NPK (F2)	36.05	20	10.16	4.36
SEm±	0.271	0.277	0.108	0.021
C. D. a 5%	NS	0.716	0.341	NS
CV (%)	4.02	6.18	5.66	2.51
Data de sementeira				
27th outubro (Di)	35.35	20	10.28	4.38
11th novembro (D 2)	35.76	19	9.99	4.33
26th novembro (D 3)	36.75	18	9.52	4.34
SEm±	0.222	0.162	0.070	0.018
C. D. a 5%	0.649	0.473	0.205	NS
CV (%)	2.63	3.59	3	1.78
Interação				
V x F				
SEm±	0.470	0.394	0.188	0.036
C. D. a 5%	1.479	1.241	NS	NS
V x D				
SEm±	0.385	0.281	0.122	0.031
C. D. a 5%	NS	0.819	0.355	0.091
F x D				
SEm±	0.314	0.229	0.099	0.025
C. D. a 5%	0.918	NS	NS	NS
V x F x D				
SEm±	0.545	0.397	0.172	0.044
C. D. a 5%	NS	NS	NS	NS

4.3.6.4 Efeito de interação

A interação entre as datas de sementeira, os genótipos e os níveis de fertilizante foi considerada não significativa no que diz respeito ao número de vagens plantadas $^{-1}$.

4.3.7 Número de sementes por vagem $^{-1}$

Os dados médios sobre o número de sementes por vagem $^{-1}$ foram registados e apresentados no Quadro 4.15.

4.3.7.1 Efeito das datas de sementeira

Os resultados mostraram que o número de vagens de sementes $^{-1}$ foi significativamente influenciado pelas datas de sementeira. Registou-se um número significativamente mais elevado de vagens de sementes ($^{-1)}$ (10,28) na data de sementeira de 27 de outubro (D1), seguida da data de sementeira de 11 de novembro (D2). A data de 26 de novembro (D3) registou o número mais baixo de sementes em vagem^{-1} (9,52).

4.3.7.2 Efeito dos genótipos

O número de sementes por vagem $^{-1}$ foi influenciado significativamente pelos genótipos. O número máximo de sementes por vagem^{-1} observado (10,17) na *cv.* CO-4 seguido pela *cv.* GBM- 1 (10.08). O número significativamente mais baixo (9,54) foi observado no tratamento cv. GM-7. O número de sementes por vagem $^{-1}$ permanece na ordem da *cv.* CO-4 > *cv.* GBM-1 > *cv.* GM-7.

4.3.7.3 Efeito dos níveis de fertilizantes

A partição de dados para níveis de fertilizante influenciou significativamente o número de sementes em vagem $^{-1}$. Um número máximo de sementes em vagem ($^{-1)}$ (10,16) foi registado com o tratamento F2 (20-40-00 NPK kg ha^{-1}) seguido do tratamento F1 (15-30-00 NPK kg ha$^{-1)}$ (9,70).

4.3.7.4 Efeito de interação

A interação entre as datas de sementeira, os genótipos e os níveis de fertilizante foi considerada não significativa no que diz respeito ao número de sementes por vagem $^{-1}$.

4.3.8 Peso de 100 sementes (g)

Os dados médios relativos ao peso de 100 sementes foram registados e apresentados no Quadro 4.15.

4.3.8.1 Efeito das datas de sementeira

Os resultados mostraram que o peso de 100 sementes não foi significativamente influenciado pelas datas de sementeira. O peso significativamente mais elevado de 100 sementes (4,38 g) foi registado na data de sementeira de 27 de outubro (D1), seguido da data de sementeira de 26 de novembro (D3). A data de sementeira de 11 de novembro (D2) registou o menor peso de 100 sementes (4,33 g).

4.3.8.2 Efeito dos genótipos

O peso de 100 sementes foi influenciado significativamente pelos genótipos. O peso máximo de 100 sementes foi observado (4,88 g) na *cv.* GM-7 seguido pela *cv.* CO-4 (4.12 g). Significativamente mais baixo (4.06) foi registado na *cv.* GBM-1. O peso de 100 sementes foi mantido na ordem de *cv.* GM-7 > *cv.* CO-4 > *cv.* GBM-1.

4.3.8.3 Efeito dos níveis de fertilizantes

O particionamento dos dados para os níveis de fertilizantes influenciou de forma não significativa o peso de 100 sementes.

4.3.8.4 Efeito de interação

A interação entre as datas de sementeira, os genótipos e os níveis de fertilizante foi considerada não significativa no que respeita ao peso de 100 sementes. Rao *et al.* (2018) e Rehman *et al.* (2009), que descobriram que o peso do teste não foi significativamente influenciado pelas datas de semeadura em grama verde.

4.3.9 Altura da planta (cm)

Os dados médios relativos à altura da planta (cm) aos 30 DAS, 60 DAS e maturidade da colheita foram registados e apresentados no Quadro 4.16.

4.3.9.1 Efeito das datas de sementeira

A altura da planta foi significativamente influenciada pelas datas de sementeira aos 30 DAS, 60 DAS e maturidade da colheita. Aos 30 DAS, a altura de planta significativamente mais elevada (18,83 cm) foi registada na data de sementeira de 26 th de novembro (D3), seguida pela data de sementeira de 11 th de novembro (D2) (18,56 cm). Aos 60 DAS, a maior altura de planta (40,12 cm) foi registada na data de sementeira de 26 th de novembro (D3) seguida da data de sementeira de 11 th de novembro (D2) (38,72 cm). No entanto, a altura mais baixa das plantas (37,78 cm) foi registada na data de sementeira de 27 de outubro (D1). Na maturidade da colheita, a maior altura de planta (49,33) foi registada na data de ^{sementeira} de 26 de novembro (D3), seguida da data de sementeira de 11 de novembro (D2).

4.3.9.2 Efeito dos genótipos

A altura da planta foi significativamente influenciada pelos genótipos aos 30 DAS, 60 DAS e na maturidade da colheita. A altura de planta significativamente mais alta (20.02, 46.21 e 61.32 cm) foi registada na *cv.* CO-4 seguido pela *cv.* GBM-1 (18,67, 36,66 e 45,64 cm) aos 30 DAS, 60 DAS e na maturidade da colheita, respetivamente.

4.3.9.3 Efeito dos níveis de fertilizantes

A altura da planta foi influenciada pelos níveis de fertilizante de forma não significativa aos 30 DAS, 60 DAS e na maturidade da colheita.

4.3.9.4 Efeito de interação

A interação entre as datas de sementeira, os genótipos e os níveis de fertilizante foi considerada não significativa com a respectiva altura da planta aos 30 DAS, 60 DAS e maturidade da colheita.

Tabela 4.16: Altura da planta (cm) influenciada por vários tratamentos

Tratamento	Altura da planta (cm)		
	30 DAS	60 DAS	Na maturidade da colheita
Variedades			
CO-4 (Vi)	20.02	46.21	61.32
GBM-1 (V2)	18.67	36.66	45.64
GM-7 (V3)	16.42	33.75	37.36
SEm±	0.539	0.358	0.614
C. D. a 5%	1.696	1.129	1.933
Gestão de Fertilizantes			
15-30-00 NPK (Fi)	18.80	38.77	48.57
20-40-00 NPK (F2)	17.94	38.97	47.97
SEm±	0.440	0.293	0.501
C. D. a 5%	NS	NS	NS
CV (%)	12.47	3.91	5.40
Data de sementeira			
27th outubro (Di)	17.72	37.78	47.28
11th novembro (D 2)	18.56	38.72	48.21
26th novembro (D 3)	18.83	40.12	49.33
SEm±	0.228	0.269	0.312
C. D. a 5%	0.667	0.785	0.911
CV (%)	5.27	2.93	2.74
Interação			
V x F			
SEm±	0.762	0.507	0.868
C. D. a 5%	NS	NS	NS
V x D			
SEm±	0.396	0.466	0.540
C. D. a 5%	1.15	NS	NS
F x D			
SEm±	0.323	0.380	0.441
C. D. a 5%	NS	NS	NS
V x F x D			
SEm±	0.560	0.659	0.764
C. D. a 5%	NS	NS	NS

4.3.10 Propriedades químicas do solo

Após a colheita da grama verde, foram colhidas amostras de solo a uma profundidade de 0-15 cm de cada tratamento respetivo (seis amostras de solo retiradas de vários tratamentos) e analisadas quanto às propriedades químicas, *nomeadamente*, N2O disponível (método Kjeldhal), P2O5 disponível (método do espetrofotómetro) e K2O5 disponível (método do fotómetro de chama).

Quadro 4.17: Propriedades químicas do solo antes da sementeira da cultura de grama verde

NPK disponível antes da sementeira da cultura	
Azoto (N2O) (kg ha-1)	240
Fósforo (P2O5) (kg ha-1)	48
Potássio (K2O) (kg ha-1)	352
CE, pH e carbono orgânico antes da sementeira da cultura	
CE (ds/m)	0.39
pH	7.55
Carbono orgânico (%)	0.54

Quadro 4.18: Azoto (N2O), fósforo (P2O5) e potássio (K2O) disponíveis após a colheita da cultura de grama verde

Tratamentos	N2O disponível (kg ha^{-1})	P2O5 disponível (kg ha^{-1})	K2O disponível (kg ha^{-1})
V1F1	237.31	43.27	287.54
V1F2	240.14	46.18	291.22
V2F1	239.34	42.56	290.14
V2F2	242.42	44.69	295.68
V3F1	240.65	44.76	301.43
V3F2	243.39	45.38	299.16
S.Em±	0.88	0.54	2.22

O N, P2O5 e K2O disponíveis foram encontrados no solo após a colheita do greengram, o que foi mencionado no Quadro 4.18. A absorção de nutrientes de N, P2O5 e K2O foi maior na *cv.* CO-4 seguida pela *cv.* GBM-1. A disponibilidade de N2O após a colheita da cultura foi maior no tratamento V3F2 seguido pelo tratamento V2F2. O P2O5 disponível após a colheita da cultura foi maior no tratamento V1F2 seguido do tratamento V3F2. Da mesma forma, o K2O disponível após a colheita da cultura foi maior no tratamento V3F1 seguido pelo tratamento V3F1 (Tabela 4.18).

4.4 Análise de sensibilidade do modelo CROPGRO-Dry bean para a cultura do grão verde

A análise de sensibilidade do modelo CROPGRO fornece uma abordagem científica para estudar o impacto das alterações climáticas na produção agrícola. O teste de sensibilidade do modelo de simulação de culturas é o processo pelo qual vários parâmetros de entrada são avaliados quanto à sua importância relativamente às relações de simulação. O IPCC (2021) projectou um aumento da temperatura média global de 1,5^{O}C antes de 2040. De acordo com as Vias de Concentração Representativas (RCP, 4.5), a temperatura deverá aumentar entre 1,1 e 2,6 °C e a concentração de CO_2 deverá aumentar até 600 ppm até 2100. Tendo em conta o cenário de alterações climáticas projetado, o impacto da alteração dos parâmetros climáticos na produção de sementes de cultivares de grama verde foi estudado através do aumento ou diminuição da temperatura máxima e mínima do ar de -5 a +5°C e a concentração de dióxido de carbono foi aumentada para 450, 500, 550 e 600 ppm. Os resultados simulados pelo modelo com alterações climáticas foram comparados com o rendimento de base (rendimento de sementes simulado pelo modelo). O rendimento de base ou de referência para todas as cultivares selecionadas em estudo foi simulado através da execução do modelo CROPGRO-Dry bean com um conjunto de dados meteorológicos normais diários. O presente estudo foi realizado principalmente para estabelecer a sensibilidade do modelo CROPGRO-Dry bean com o rendimento de sementes de várias cultivares de grama verde afectadas por parâmetros meteorológicos individuais, bem como por uma combinação com outros.

4.4.1 Impacto da temperatura máxima no rendimento da grama verde

Os efeitos da alteração da temperatura máxima do ar (-5 a +5°C) no rendimento simulado de sementes de três cultivares de grama verde em diferentes datas de sementeira foram comparados com o rendimento de base (simulado pelo modelo sob um conjunto de dados meteorológicos normais diários) e a sua variação percentual em relação ao rendimento de base é apresentada no (Quadro 4.19) e representada nas Fig. 4.13 e Fig. 4.14.

A sensibilidade do modelo CROPGRO-Dry bean mostrou que o rendimento de sementes simulado diminuiu com um aumento da temperatura máxima de +1 a +5 C. O impacto altamente negativo de um aumento da temperatura máxima (+1 a +5 C) no rendimento de sementes foi fundado na primeira data de sementeira (D_1) devido ao facto de a temperatura máxima já ser mais elevada e o impacto menos fundado na terceira data de sementeira (D_3) devido ao facto de a temperatura máxima já ser mais baixa durante o período de crescimento da cultura. Na primeira data de sementeira (D_1), o rendimento de sementes diminuiu ao máximo na cv. GBM-1 (-49,56%) seguida da *cv.* CO-4 (-45,64%) e *cv.* GM-7 (-43,15%) quando a temperatura máxima aumentou. Na terceira data de semeadura (D_3), o efeito do aumento da temperatura máxima na produção de sementes foi máximo na cv. GBM-1 (-45,45%) seguido da cv. CO-4 (-41.89%) e cv. GM-7 (-36,62%).

A sensibilidade do modelo CROPGRO-Dry bean simulado para o rendimento de sementes aumentou com a diminuição da temperatura máxima de -1 para -5C. O rendimento simulado das sementes foi obtido ao máximo quando a temperatura máxima diminuiu -5°C em relação à temperatura normal. Os resultados revelaram que o impacto positivo da diminuição da temperatura máxima na produção de sementes foi maior (-1 a -5C) na segunda, primeira e terceira datas de sementeira na *cv.* CO-4 (31,49%), GBM-1 (35,25%) e GM-7 (28%), respetivamente.

Ao diminuir a temperatura máxima de -1 a -5 C na primeira data de semeadura (D_1), o rendimento de sementes aumentou de 3,22 a 28,82%, 5,67 a 35,25% e 0,94 a 20,96% na *cv.* CO-4, GBM-1 e GM-7, respetivamente. Na segunda data de semeadura (D_2), a produtividade simulada de sementes aumentou de 7,33 a 31,49%, 8,70 a 24,36% e 8,30 a 24% na *cv.* CO-4, GBM-1 e GM-7, respetivamente. Na terceira data de semeadura, a produtividade simulada de sementes aumentou de 4,80 a 24,64%, 4,72 a 18% e 8,30 a 28% na *cv.* CO-4, GBM-1 e GM-7, respetivamente.

O rendimento de sementes diminuiu de -2,03 a -49,56% do rendimento de base quando a temperatura máxima aumentou de +1 a +5C (Fig. 4.13). O impacto negativo do aumento da temperatura máxima na produção de sementes foi maior do que o impacto positivo da diminuição da temperatura máxima na produção de sementes. Quando a temperatura máxima foi reduzida de -1 a -5°C, a produção de sementes aumentou de 3,22 a 35,25% em relação à produção de base (Fig. 4.14). Quando a temperatura máxima foi aumentada, a produção de sementes foi substancialmente reduzida, mas quando a temperatura máxima foi diminuída, a produção de sementes foi dramaticamente aumentada. Isso pode ser devido ao facto de que, com a diminuição da temperatura, a duração dos diferentes estádios fenológicos e a duração total da cultura aumentam, o que proporciona um período muito maior para a fotossíntese (Butterfield e Morison, 1992). Os resultados acima apresentados confirmam as conclusões de Shamim *et al.* (2010), Kumar *et al.* (2017), Yadav *et al.* (2016) e Pandey *et al.* (2007).

Tabela 4.19: Efeito da temperatura máxima na produção de sementes de cultivares de grama verde

Variedades	Data de sementeira	Rendimento simulado (Kg ha-1)	Temperatura máxima (°C)									
			(-5)	(-4)	(-3)	(-2)	(-1)	(+1)	(+2)	(+3)	(+4)	(+5)
CO-4	Di	1676	2159 (28.82)	1977 (18)	1922 (14.68)	1846 (10.14)	1730 (3.22)	1592 (-5.01)	1341 (-20)	1286 (-23.27)	1069 (-36.22)	911 (-45.64)
	Ü2	1664	2188 (31.49)	2191 (31.67)	2021 (21.45)	2008 (20.67)	1786 (7.33)	1673 (0.54)	1502 (-9.74)	1398 (-16)	1218 (-26.80)	1065 (-36)
	D_3	1855	2314 (24.74)	2334 (25.82)	2189 (18)	2093 (12.83)	1944 (4.80)	1681 (-9.38)	1571 (-15.31)	1379 (-25.66)	1238 (-33.26)	1078 (-41.89)
GBM-1	Di	1376	1861 (35.25)	1800 (31)	1656 (20.35)	1576 (14.53)	1454 (5.67)	1246 (-9.45)	1088 (-20.93)	980 (-28.78)	816 (-40.70)	694 (-49.56)
	Ü2	1449	1802 (24.36)	1861 (28.43)	1713 (18.22)	1683 (16.15)	1575 (8.70)	1374 (-5.18)	1228 (-15.25)	ИЗО (-22)	972 (-32.92)	841 (-41.96)
	D_3	1461	1725 (18)	1785 (22.18)	1688 (15.54)	1625 (11.23)	1530 (4,72)	1303 (-10.81)	1252 (-14.31)	1073 (-26.56)	942 (-35.52)	797 (-45.45)
GM-7	Di	1059	1281 (20.96)	1146 (8.22)	1071 (1.13)	1086 (2.55)	1069 (0.94)	963 (-9.07)	841 (-20.59)	836 (-21)	698 (-34)	602 (-43.15)
	Ü2	1145	1420 (24)	1373 (20)	1321 (15.3	1329 (16)	1240 (8.30	1094 (-	959 (-	822 (-	744 (-35)	657 (-

					7)		)	4.45)	16.24)	28.21)		42.62)
	Ü3	**1229**	1574 (28)	1471 (19.6)	1396 (3.59)	1411 (14.8 1)	1331 (8.30)	1204 (- 2.03)	1080 (- 12.12)	1002 (- 18.47)	893 (- 27.34)	779 (- 36.62)

Fig. 4.13: Efeito do aumento da temperatura máxima (+1 a +5 C) na produção de sementes em diferentes datas de sementeira em cultivares de grama verde

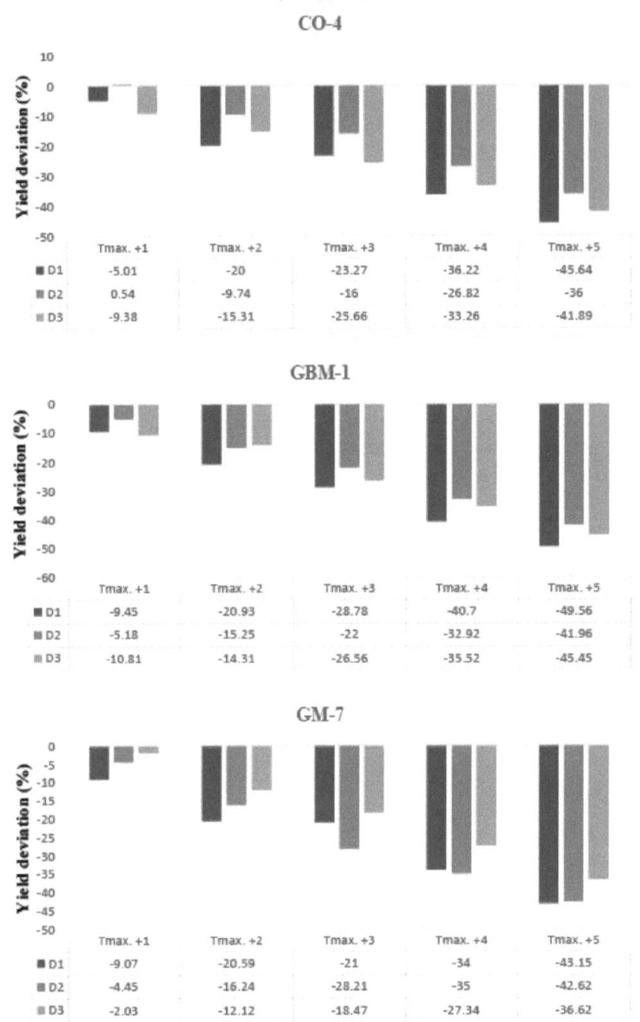

Fig. 4.14: Efeito da diminuição da temperatura máxima (-1 a -5 C) na produção de sementes em diferentes datas de sementeira em cultivares de grama verde

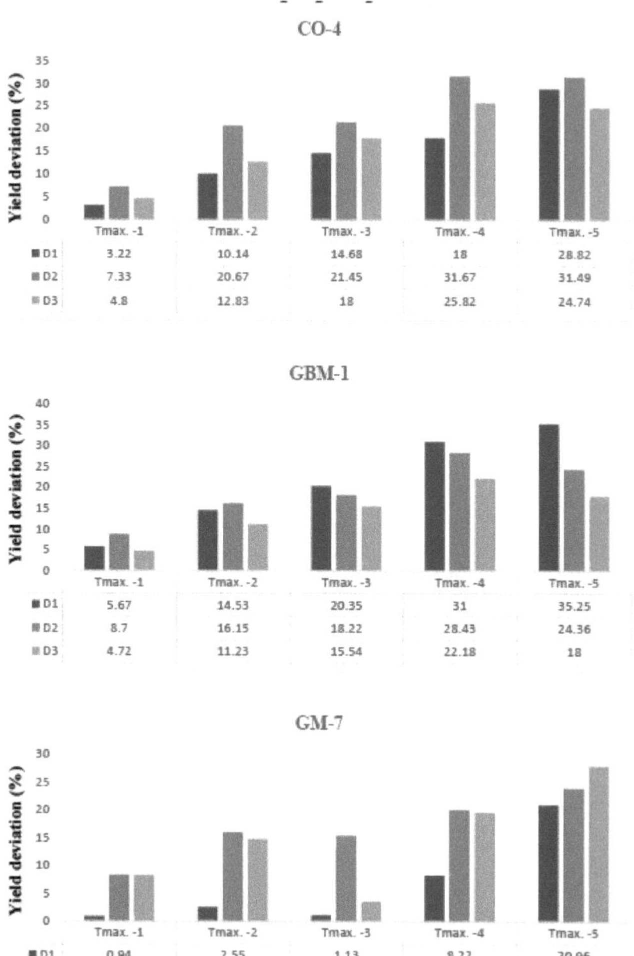

4.4.2 Impacto da temperatura mínima no rendimento da grama verde

Os efeitos da alteração da temperatura mínima do ar (-5 a +5°C) no rendimento simulado de sementes de três cultivares de grama verde em diferentes datas de sementeira foram comparados com o rendimento de base (simulado pelo modelo sob o conjunto de dados meteorológicos normais diários) e a sua variação percentual em relação ao rendimento de base é apresentada no (Quadro 4.20) e representada nas Fig. 4.15 e Fig. 4.16.

A sensibilidade do modelo CROPGRO-Dry bean mostrou que o rendimento simulado das sementes aumentava gradualmente se a temperatura mínima diminuísse de -1 para -2 ou -3

°*C*. A produção máxima de sementes aumentou na primeira data de sementeira (Di) seguida da segunda data de sementeira (D2) com a diminuição da temperatura mínima. Mas com o aumento da temperatura nocturna de +1 a +5 C, a produção de sementes foi diminuindo gradualmente. Isso pode ser devido a uma maior taxa de respiração durante a noite causada pela temperatura mínima mais alta que resultou em uma perda comparativamente maior de fotossintatos (Shamim *et al.*, 2010).

Na *cv.* CO-4, quando a temperatura mínima foi aumentada de +1 para +5 °C, a produção de sementes diminuiu de -3,13 para -21,36 %, e quando a temperatura mínima foi diminuída de -1 para -2 °C, a produção de sementes aumentou de 1,79 para 5,95 % na primeira e segunda datas de sementeira (Dl e D2) e diminuiu de -4,69 para -12 % na terceira data de sementeira. Quando a temperatura mínima foi reduzida de -3 para -5 °C, a produção de sementes diminuiu de -0,54 a -17,09% nas três cultivares.

A produção de sementes foi reduzida de -1,17 a -25,95 por cento na *cv.* GBM-1 quando a temperatura mínima foi aumentada de +1 para +5 °C. No entanto, reduções na temperatura mínima de -1 a -2 °C aumentaram a produção de sementes em 1,38 a 5,45%, enquanto que a diminuição da temperatura mais baixa de -3 a -5 °C diminuiu a produção de sementes em -0,29 a -26,21%.

Quando a temperatura mínima foi aumentada de +1 para +5 °C, a produção de sementes diminuiu de -4,48 para -16,24% na *cv.* GM-7. A produção de sementes diminuiu de -1,31 a -21,64 por cento quando a temperatura mínima foi diminuída de -1 para -5 °C no segundo e terceiro dias de semeadura (D2 e D3). Quando a temperatura mínima foi ajustada de -2 para -4 °C no primeiro dia de semeadura (Dı), a produção de sementes aumentou de 1,42 a 6,04%.

O rendimento das sementes diminuiu mais quando a temperatura mínima foi aumentada do que quando a temperatura mínima foi diminuída. O resultado apresentado acima foi bom

Tabela 4.20: Efeito da temperatura mínima na produção de sementes de cultivares de grama verde

Variedades	Data de sementeira	Rendimento simulado (kg ha^{1})	Temperatura mínima (°C)									
			(-5)	(-4)	(-3)	(-2)	(-1)	(+1)	(+2)	(+3)	(+4)	(+5)
CO-4	Di	1676	1590 (-5.13)	1654 (-1.31)	1667 (-0.54)	1766 (5.37)	1706 (1.79)	1620 (-3.34)	1607 (-4.12)	1521 (-9.25)	1389 (-17.12)	1318 (-21.36)
	Ü2	1664	1430 (-14.06)	1616 (-2.88)	1624 (-2.40)	1763 (5.95)	1726 (3.73)	1740 (4.57)	1611 (-3.19)	1559 (-6.31)	1442 (-13.34)	1439 (-13.52)
	D_3	1855	1538 (-17.09)	1729 (-6.79)	1760 (-5.12)	1631 (-12)	1768 (-4.69)	1797 (-3.13)	1710 (-7.82)	1681 (-9.38)	1636 (-11.81)	1602 (-13.64)
GBM-1	Di	1376	1299 (-5.60)	1372 (-0.29)	1403 (1.96)	1451 (5.45)	1441 (4.72)	1335 (-2.98)	1238 (-10.03)	1154 (-16.13)	1104 (-19.77)	1030 (-25.15)
	Ü2	1449	1104 (-	1316 (-	1362 (-6)	1469 (1.38	1498 (3.38	1432 (-	1321 (-	1253 (-	1127 (-	107 (-25.95

			23.81)	9.18)		)	)	1.17)	8.83)	13.53)	22.22)	)
	D_3	**1461**	1078 (-26.21)	1270 (-13.07)	1350 (-7.60)	1388 (-5)	1520 (4.04)	1489 (1.92)	1432 (-1.98)	1405 (-3.83)	1319 (-9.72)	1274 (-12.80)
GM-7	**Di**	**1059**	1031 (-2.64)	1123 (6.04)	1115 (5.29)	1074 (1.42)	976 (-7.84)	974 (-8.03)	933 (-11.90)	961 (-9.25)	898 (-15.20)	887 (-16.24)
	Ü2	**1145**	1050 (-8.30)	1110 (-3.06)	1106 (-3.41)	1166 (1.83)	1130 (-1.31)	1036 (-9.52)	1050 (-8.30)	1104 (-3.58)	1044 (-8.82)	977 (-14.67)
	Ü3	**1229**	963 (-21.64)	1086 (-11.64)	1186 (-3.50)	1203 (-2.12)	1185 (-3.58)	1267 (3.09)	1174 (-4.48)	1135 (-7.65)	1133 (-7.81)	1171 (-4.72)

Fig. 4.15: Efeito da diminuição da temperatura mínima (-1 a -5 °C) na produção de sementes em diferentes datas de semeadura em cultivares de grama verde

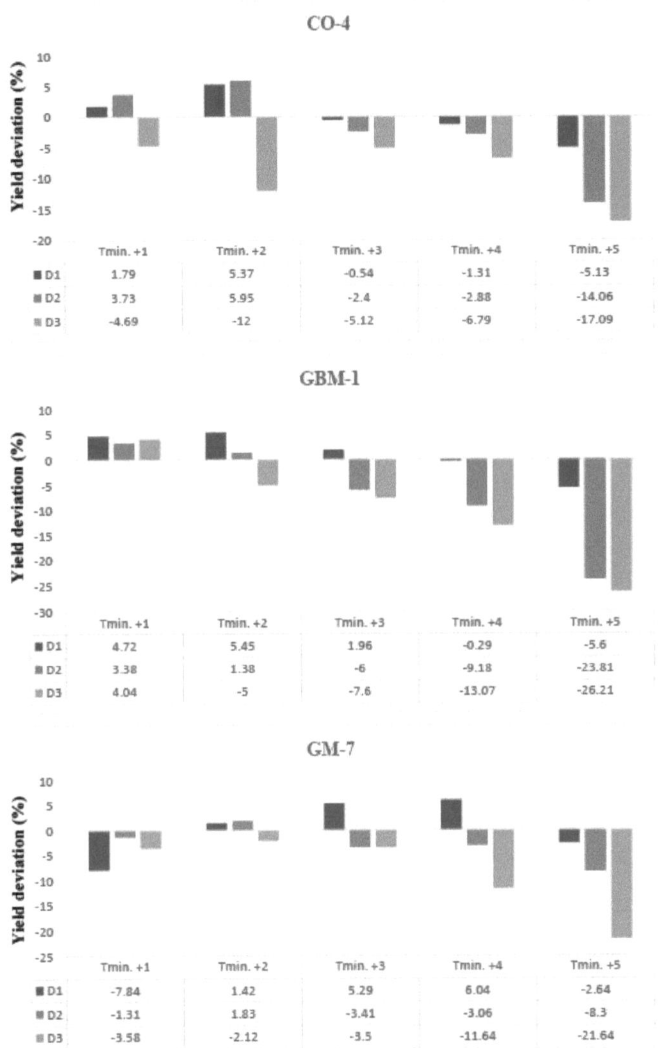

Fig. 4.16: Efeito do aumento da temperatura mínima (+1 a +5 °C) na produção de sementes em diferentes datas de semeadura em cultivares de grama verde

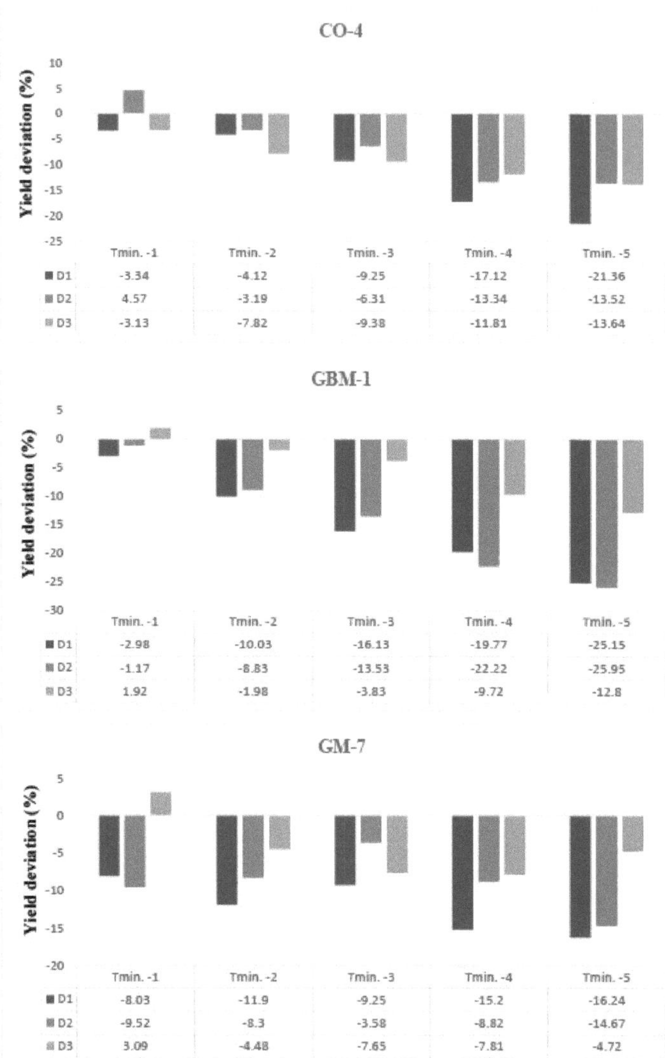

confirmação com os resultados de Shamim *et al.* (2010), Kumar *et al.* (2017), Yadav *et al.* (2016) e Pandey *et al.* (2007).

4.4.3 Efeitos combinados da temperatura máxima e mínima na produção de grama verde

Os efeitos da alteração da temperatura mínima e máxima do ar (-5 a +5°C) no rendimento simulado de sementes de três cultivares de grama verde em diferentes datas de sementeira foram comparados com o rendimento de base (simulado pelo modelo com base num conjunto de dados meteorológicos normais diários) e a sua variação percentual em relação ao rendimento de base é apresentada no Quadro 4.21.

O resultado revelou que o aumento da temperatura máxima e mínima (+1 a +5 C) teve um impacto negativo no rendimento das sementes e a diminuição da temperatura mínima e máxima teve um impacto positivo no rendimento das sementes.

O rendimento de sementes aumentou de 8,73 a 19,45 %, 10,39 a 25,51 % e 1,42 a 30,12 % na *cv.* CO-4, *cv.* GBM-1 e *cv.* GM-7, respetivamente, quando a temperatura mínima e máxima cai até -5 C e, da mesma forma, a produção de sementes diminuiu de -4,93 a -57,94 %, -3,90 a -62,69 % e -5,07 a -56,37 % na *cv.* CO-4, *cv.* GBM-1 e *cv.* GM-7, respetivamente, quando a temperatura máxima e mínima foi aumentada em até 5°C.

O resultado mostrou que as maiores quedas na produção de sementes foram encontradas na *cv.* GBM- 1 seguida pela *cv.* CO-4 na primeira data de sementeira (DI) quando a temperatura máxima e mínima aumentaram. Além disso, verificou-se que o impacto do aumento das unidades de temperatura máxima e mínima é maior do que a diminuição das unidades no rendimento de sementes de grama verde.

Na terceira data de sementeira (26 de novembro), o impacto do aumento das unidades de temperatura máxima e mínima na produção de sementes foi menor em comparação com a primeira e segunda datas de sementeira. A produção de sementes diminuiu mais com o efeito combinado da temperatura máxima e mínima do que com o efeito individual da temperatura máxima e mínima na produção de sementes.

Tabela 4.21: Efeito combinado da temperatura máxima e mínima (-5 a +5 °C) na produção de sementes de cultivares de grama verde

Variedades	Data de sementeira	Rendimento simulado	Temperatura máxima + IV						temperatura mínima (°C)			
		(kg ha[1])	(-5)	(-4)	(-3)	(-2)	(-1)	(+1)	(+2)	(+3)	(+4)	(+5)
CO-4	**Di**	**1676**	1804 (7.64)	2002 (19.45)	1996 (19.09)	1988 (18.62)	1665 (-0.66)	1470 (-12.29)	1342 (-19.93)	1156 (-31.03)	880 (-47.49)	705 (-57.94)
	Ü2	**1664**	-	1862 (11.90)	1963 (17.97)	1968 (18.27)	1853 (11.36)	1582 (-4.93)	1359 (-18.33)	1144 (-31.25)	1008 (-39.42)	765 (-54.03)
	D_3	**1855**	-	-	-	-	2017 (8.73)	1713 (-7.65)	1506 (-18.81)	1354 (-27.01)	1176 (-36.60)	907 (-51.П)
GBM-1	**Di**	**1376**	1592 (15.70)	1648 (19.77)	1727 (25.51)	1651 (19.99)	1519 (10.39)	1133 (-17.66)	1000 (-27.33)	857 (-37.72)	650 (-52.76)	512 (-62.69)
	Ü2	**1449**	-	-	1734 (19.67)	1620 (11.80)	1610 (H.ll)	1305 (-9.94)	1147 (-20.84)	897 (-38.10)	782 (-46.06)	596 (-58.87)
	D_3	**1461**	-	-	-	-	-	1404	1228	1041	867	646

								(-3.90)	(-15.95)	(-28.75)	(-40.66)	(-55.78)
GM-7	**Di**	**1059**	1378 (30.12)	1310 (23.70)	1340 (26.53)	1167 (10.20)	1074 (1.42)	931 (-12.09)	812 (-23.32)	775 (-26.82)	577 (-45.51)	462 (-56.37)
	Ü2	**1145**	1183 (3.32)	1338 (16.86)	1333 (16.42)	1257 (9.78)	1225 (6.99)	1087 (-5.07)	941 (-17.82)	816 (-28.73)	664 (-42.01)	510 (-55.46)
	Ü3	**1229**	-	-	1345 (9.44)	1302 (5,94)	1291 (5,04)	1248 (1.55)	1077 (-12.37)	989 (-19.53)	755 (-38.57)	656 (-46.62)

4.4.4 Impacto do dióxido de carbono (CO_2) no rendimento da grama verde

Os dados sobre o efeito do CO_2 elevado na produção de sementes de grama verde são apresentados na Tabela 4.22 e representados na Fig. 4.17.

A sensibilidade do rendimento de sementes simulado pelo modelo CROPGRO a condições super óptimas de CO_2 elevado a 450, 500, 550 e 600 ppm. mostrou um aumento gradual nos níveis de rendimento. Isto mostrou claramente que as concentrações elevadas de CO_2 tiveram um impacto significativo e positivo no rendimento das sementes. O resultado acima foi uma boa confirmação da descoberta de Shamim *et al.* (2010), Yadav *et al.* (2016) e Pandey *et al.* (2007). A produção de sementes foi observada mais alta na concentração de 600 ppm de CO_2, seguida pela concentração de 550 ppm de CO_2 em diferentes datas de semeadura e em todas as três cultivares. A produção de sementes aumentou mais na data inicial (DI) de sementeira com o aumento da concentração de CO_2 nas três cultivares. O aumento do rendimento sob o aumento da concentração de CO_2 pode dever-se ao facto de a maioria das plantas crescerem em ambientes experimentais com um nível elevado de CO_2, exibindo uma taxa de fotossíntese aumentada e reduzindo a abertura dos estomas. O fechamento parcial dos estômatos leva à redução da transpiração e melhora a eficiência do uso da água (Patil *et al.*, 2019).

Tabela 4.22: Efeito do CO_2 na produção de sementes de cultivares de grama verde

Variedades	Data de sementeira	Simulado (380 ppm)	Dióxido de carbono (ppm)			
			450	500	550	600
CO-4	Di	1676	1892 (12.89)	2013 (20.11)	2114 (26.13)	2200 (31.26)
	D2	1664	1877 (12.80)	1996 (19.95)	2096 (25.96)	2180 (31)
	D3	1855	2080 (12.13)	2208 (19.03)	2315 (24.80)	2405 (29.65)
GBM-1	Di	1376	1640 (19.19)	1798 (30.67)	1935 (40.63)	2054 (49.27)
	D2	1449	1703 (17.53)	1854 (27.95)	1984 (36.92)	2096 (44.65)
	D3	1461	1717 (17.52)	1867 (27.79)	1995 (36.55)	2106 (44.65)
GM-7	Di	1059	1213 (14.54)	1302	1378 (30.12)	1444 (36.36)

				(22.95)		
	D2	**1145**	1303 (13.80)	1395 (21.83)	1473 (28.65)	1537 (34.24)
	D3	**1229**	1397 (13.67)	1494 (21.56)	1576 (28.23)	1646 (33.93)

Fig. 4.17: Efeito do CO2 (450, 500, 550 e 600 ppm) na produção de sementes em diferentes datas de sementeira em cultivares de grama verde

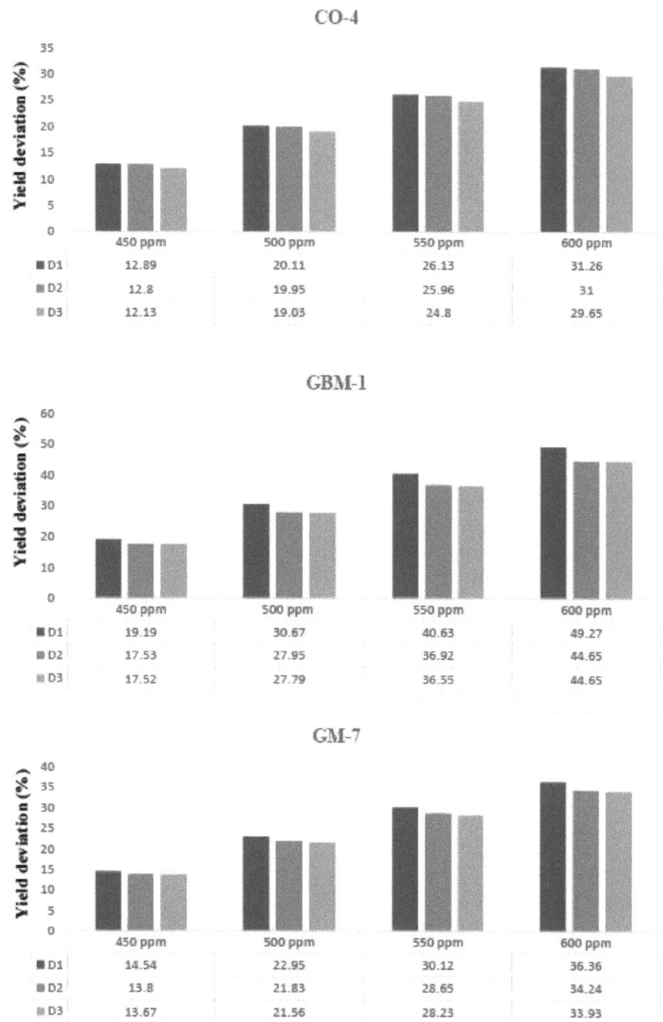

4.4.5 Efeitos combinados da temperatura máxima e do dióxido de carbono no rendimento da grama verde

Os dados referentes ao efeito combinado da temperatura máxima e do dióxido de carbono na produção simulada de sementes de cultivares de grama verde são apresentados na Tabela 4.23. Os resultados de sensibilidade mostram que com o aumento da temperatura máxima de 1°C, combinado com o aumento da concentração de CO_2 até 450 ppm, a produtividade de sementes aumentou em todas as cultivares, sendo a maior (13,82%) na *cv.* CO-4 seguido da *cv.* GBM-1 (11,87%) e GM-7 (11,72%). No entanto, com um aumento da temperatura máxima de 2°C e um aumento correspondente no nível de CO_2 a 500 ppm, um efeito positivo

da temperatura máxima com a concentração de CO_2 na produção de sementes exceto na *cv.* CO-4 e *cv.* GM-7 na primeira data de sementeira. Aumentos adicionais na temperatura (+3°C) com um aumento correspondente de CO_2 a 600 ppm, resultaram num impacto positivo na produção de sementes (aumentou até 16,77% e 13,10% na *cv.* GBM-1 e CO-4 respetivamente) exceto na *cv.* CO-4 e *cv.* GM-7 na terceira e primeira datas de sementeira, respetivamente, apresentaram um impacto ligeiramente negativo na produção de sementes.
No entanto, a produção de sementes de grama verde aumentou ou diminuiu menos sob o impacto combinado da temperatura máxima e da concentração de CO_2, em comparação com a produção de sementes que aumentou sob o impacto individual da concentração de CO_2 (Quadro 4.23) e da temperatura máxima. A maior produção de sementes foi registada na segunda data de sementeira na *cv.* CO-4 e *cv.* GBM-1 mas, na *cv.* GM-7 o maior rendimento foi registado na terceira data de sementeira.

4.4.6 Efeitos combinados da temperatura mínima e do dióxido de carbono no rendimento da grama verde

Os dados sobre o efeito combinado da temperatura mínima e do dióxido de carbono no rendimento simulado de sementes de cultivares de grama verde são apresentados na Tabela 4.23. Os resultados de sensibilidade mostram que com o aumento da temperatura mínima de 1°C, combinado com o aumento da concentração de CO_2 até 450 ppm, a produtividade de sementes aumentou em todas as cultivares, sendo a maior na *cv.* GBM-1(19,85%) seguido da *cv.* CO- 4 (17,85%) e GM-7 (16,92%). No entanto, com o aumento da temperatura mínima de 2°C e o correspondente aumento do nível de CO_2 a 500 ppm, o efeito positivo da temperatura mínima com a concentração de CO_2 na produtividade de sementes foi maior na *cv.* GBM-1 (25,46%) na terceira data de sementeira, seguida da primeira data de sementeira (17,88%). Aumentos adicionais na temperatura mínima (+3°C) com Tabela 4.23: Efeito combinado da temperatura máxima + concentração de CO2 e temperatura mínima + concentração de CO2 na produção de sementes

Variedades	Data de sementeira	Rendimento simulado (kg ha[1])	Temperatura máxima + CO2 (380 ppm)			Temperatura mínima + CO2 (380 ppm)		
			1 °C + 450 ppm	2 °C + 500 ppm	3 °C + 600 ppm	1 °C + 450 ppm	2 °C + 500 ppm	3 °C + 600 ppm
CO-4	**Di**	**1676**	1803 (7.58)	1630 (-2.74)	1742 (3.94)	1830 (9.19)	1948 (16.23)	2038 (21.60)
	Ü2	**1664**	1894 (13.82)	1824 (9.62)	1882 (13.10)	1961 (17.85)	1943 (16.77)	2069 (24.34)
	D3	**1855**	1894 (2.10)	1891 (1.94)	1836 (-1.02)	2018 (8.79)	2043 (10.13)	2195 (18.33)
GBM-1	**Di**	**1376**	1493 (8.50)	1443 (4.87)	1521 (10.54)	1592 (15.70)	1622 (17.88)	1751 (27.25)
	Ü2	**1449**	1621 (11.87)	1593 (9.94)	1692 (16.77)	1685 (16.29)	1699 (17.25)	1844 (27.26)
	D3	**1461**	1539 (5.34)	1622 (11.02)	1599 (9.45)	1751 (19.85)	1833 (25.46)	2042 (39.77)
GM-7	**Di**	**1059**	1108 (4.63)	1049 (-0.94)	1181 (11.52)	1113 (5.10)	1151 (8.69)	1330 (25.59)

	Ü2	**1145**	1249 (9.08)	1185 (3.49)	1143 (-0.17)	1180 (3.06)	1282 (11.97)	1494 (30.48)
	D3	**1229**	1373 (11.72)	1324 (7.73)	1378 (12.12)	1437 (16.92)	1428 (16.19)	1528 (24.33)

o aumento correspondente de CO_2 a 600 ppm, resultou num impacto positivo na produção de sementes de grama verde. A produção de sementes aumentou ao máximo (39,77%) no GBM-1 na terceira data de sementeira, seguido do GM-7 (30,48%) na segunda data de sementeira. Aqui, o efeito combinado do CO_2 e da temperatura mínima teve um impacto positivo no rendimento das sementes em todos os tratamentos dados. O resultado acima coincide com uma descoberta de Mote B. M. (2017), que descobriu que o efeito combinado da temperatura mínima (+1 a +3 C) e CO_2 (450, 500 e 550 ppm) teve um impacto positivo no rendimento de vagens do amendoim. O resultado mostrou que o rendimento das sementes aumentou mais no efeito combinado da temperatura mínima e da concentração de CO_2 em comparação com o efeito combinado da temperatura máxima e da concentração de CO_2.

4.4.7 Impacto da variabilidade intra-sazonal

O efeito da mudança na temperatura máxima e mínima durante os meses de novembro, dezembro, janeiro e fevereiro na grama verde semeada em datas diferentes (27 de outubro (D_1), 11 de novembro (D_2) e 26 de novembro (D_3)) revelou que o rendimento das sementes aumentou com o aumento da temperatura e vice-versa nas três datas de sementeira (Quadro 4.24 e Quadro 4.25).

4.4.7.1 Efeito das variações da temperatura máxima no rendimento

Em novembro, dezembro, janeiro e fevereiro, o aumento da temperatura máxima teve um impacto negativo e a diminuição da temperatura máxima teve um impacto positivo na produção de sementes para todos os tratamentos (Quadro 4.24). A produção de sementes aumentou ou diminuiu ao máximo nos meses de novembro e dezembro devido à alteração da temperatura máxima. A interpretação foi feita a partir do resultado acima, ou seja, novembro e dezembro foram considerados os períodos mais sensíveis para a variação do rendimento devido a mudanças na temperatura máxima.

Em novembro, a variação de rendimento variou de -25,66 a 21,45% na *cv.* CO-4, -28,78 a 20,42% na cv. GBM-1 e -28,31 a 16,07% na *cv.* GM-7 quando a temperatura máxima foi alterada de -3 para +3°C. A flutuação da produção de sementes no mês de novembro foi maior em comparação com a flutuação que ocorre nos outros meses da estação de crescimento. No mês de dezembro, a variação de rendimento variou de -25,66 a 19,41% na *cv.* CO-4, -26,56 a 14,42% na *cv.* GBM-1 e -19,33 a 14,81% na cv. GM-7 quando a temperatura máxima mudou de -3 para +3C. Em janeiro, a flutuação de rendimento variou de -24,20 a 14,23% na *cv.* CO-4, -14,44 a 11,19% na *cv.* GBM-1 e -19,65 a 10,66% na *cv.* GM-7 quando a temperatura máxima mudou de 3 para +3C.

Quadro 4.24: Variação percentual da produção de sementes (%) devido à variação intra-sazonal da temperatura máxima em variedades de grama verde

Mês	**Alteração da temperatura**	**Temperatura máxima (°C)**								
		CO-4			**GBM-1**			**GM 7**		
		Di	**D2**	**D_3**	**Di**	**D2**	**D_3**	**Di**	**D2**	**D_3**
novembro	**(-3)**	14.68	21.45	18	20.42	18.22	-	1.13	15.37	13.59
	(-2)	10.14	20.67	12.83	14.61	16.15	-	2.55	16.07	14.81

	(-1)	3.22	7.33	4.80	5.67	8.70	-	0.94	8.30	8.30
	(+1)	-5.01	0.54	-9.38	-9.45	-5.18	-10.81	-9.61	-4.45	-2.03
	(+2)	-20	-9.74	-15.31	-20.93	-15.25	-14.31	-20.68	-16.24	-12.12
	(+3)	-23.33	-15.99	-25.66	-28.78	-22.02	-26.56	-21.15	-28.21	-18.47
dezembro	(-3)	6.09	19.71	18	11.70	14.08	-	-1.70	13.45	13.59
	(-2)	7.16	13.34	12.83	8	14.42	-	-1.70	14.15	14.81
	(-1)	1.97	6.79	4.80	6.10	7.52	-	-0.76	7.60	8.30
	(+1)	-8.47	-3.91	-9.38	-7.05	-4	-10.81	-7.74	-3.67	-2.03
	(+2)	-13.13	-8.35	-15.31	-15.63	-13.11	-14.31	-11.52	-14.76	-12.12
	(+3)	-23.15	-18.45	-25.66	-25.44	-22.64	-26.56	-16.90	-19.33	-18.47
janeiro	(-3)	6.15	12.80	14.23	11.19	11.18	-	1.98	6.64	10.66
	(-2)	6.21	13.10	9.38	6.40	6.97	-	1.51	8.03	6.27
	(-1)	1.25	6.79	2.96	1.16	2.21	-	0.85	1.05	0.90
	(+1)	-1.79	-2.58	-8.73	-5.96	-6.97	-4.93	-1.04	-10.31	-9.28
	(+2)	-4.71	-11.48	-17.90	-8.87	-10.70	-14.44	-8.69	-14.76	-13.10
	(+3)	-12.29	-16.23	-24.20	-11.92	-19.32	-22.31	-10.48	-19.65	-18.23
fevereiro	(-3)	-	6.55	11.97	0.22	2.72	-	-	0.17	0.08
	(-2)	-	6.25	4.74	0.15	1.79	-	-	0.17	2.12
	(-1)	-	5.77	2.53	0.07	1.17	-	-	0.09	1.22
	(+1)	-	-0.84	-8.25	-0.15	-5.45	-5	-	-0.17	-1.79
	(+2)	-	-1.91	-12.78	-0.29	-6.76	-10.78	-	-0.35	-3.91
	(+3)	-	-3	-17.79	-0.51	-8.07	-17.39	-	-0.61	-6.51

Em fevereiro, a variação de rendimento variou de -17,79 a 11,97% na *cv.* CO-4, -17,39 a 2,72% na *cv.* GBM-1 e -6,51 a 0,17% na *cv.* GM-7. A faixa de variação da produtividade tornou-se estreita na ordem dos meses de novembro, dezembro, janeiro e fevereiro. A relação inversa foi encontrada entre o aumento da temperatura máxima e a produção de sementes e a relação direta foi encontrada entre a diminuição da temperatura máxima e a produção de sementes para todos os meses (Tabela 4.24). Um resultado semelhante foi encontrado por Patil *et al.* (2019) e Pandey *et al.* (2007).

4.4.7.2 Efeito das variações da temperatura mínima no rendimento

Em novembro, a produção de sementes aumentou mais quando a temperatura mínima diminuiu -2 C na *cv.* CO-4 (5,43 e 5,95%) na primeira e segunda datas (D1 e D2) de semeadura. Na *cv.* GBM-1 e *cv.* GM-7 a maior produtividade (7,92 e 5,19%) foi observada na primeira data de semeadura (D1). Com o aumento da temperatura mínima em +3 C, as maiores perdas de rendimento foram registadas na data de sementeira antecipada (D1) na *cv.* CO-4 (-925%), *cv.* GBM-1 (-13,53%) e *cv.* GM-7 (-9,25%). Já no mês de dezembro, os maiores aumentos de produtividade foram verificados com a queda da temperatura mínima em -1 C na segunda data de semeadura (D2) na *cv.* CO-4 (7,93%), *cv.* GBM-1 (1,45%) e *cv.* GM-7 (3,93%). Com o aumento da temperatura mínima em +3 C, as maiores perdas de rendimento foram registadas na data de sementeira tardia (D3) na *cv.* CO-4 (-9,16%), *cv.* GBM-1 (-17,52%) e *cv.* GM-7 (-7,65%) no mês de dezembro. Os meses de novembro e dezembro foram os mais sensíveis à variação da produção devido às alterações da temperatura mínima. Em janeiro e fevereiro, a flutuação da produção de sementes foi muito menor do que nos meses de novembro e dezembro. No mês de janeiro, observou-se uma queda máxima na produção de sementes quando se aumentou a temperatura mínima em +3 C sob a data de sementeira precoce (DI) na *cv.* CO-4 (-5.19%) e *cv.* GBM-1 (-8,65%). Na *cv.* GM-7 a queda máxima na produção de sementes foi observada quando a temperatura mínima aumentou de +1 a +3 C na primeira (-5,57%) e segunda (-10,57%) datas (D1 e D2) de semeadura. No mês de fevereiro, o impacto da subida ou descida da temperatura mínima na flutuação da produção de sementes foi menor (Quadro 4.25).

O efeito da mudança na temperatura mínima no rendimento de sementes em três cultivares foi ligeiramente menor do que o observado com a temperatura máxima. O resultado acima foi confirmado com a descoberta de Patil *et al.* (2019) e Pandey *et al.* (2007).

Quadro 4.25: Variação percentual da produção de sementes (%) devido à variação intra-sazonal da temperatura mínima em variedades de grama verde

Mês	Alteração da temperatura	Temperatura mínima (°C)								
		CO-4			GBM-1			GM 7		
		Di	Ü2	D_3	Di	Ü2	D_3	Di	Ü2	Ü3
novembro	(-3)	-0.48	-2.40	-	7.92	-6	-	5.19	-3.14	-3.50
	(-2)	5.43	5.95	-12	5.52	1.38	-	1.42	1.83	-2.12
	(-1)	1.79	3.73	-4.79	4.72	3.38	-	-7.84	-1.31	-3.58
	(+1)	-3.34	4.57	-3.13	-8	-1.17	1.92	-8.12	-9.52	3.09
	(+2)	-4.12	-3.19	-7.82	-9.96	-8.83	-1.98	-11.90	-8.30	-4.48
	(+3)	-9.25	-6.31	-9.38	-12.57	-13.53	-3.83	-9.25	-3.58	-7.65
dezembro	(-3)	-3.76	2.04	-	-0.22	-3.38	-	-7.46	-5.59	-3.58
	(-2)	-4	4.03	-7.33	-1.31	-1.17	-	-3.59	0.35	-2.12
	(-1)	-4.24	7.93	-4.69	-2.11	1.45	-	-3.59	3.93	-3.66
	(+1)	-3.10	1.08	-3.18	-6.32	-4.62	1.92	-1.42	-1.66	3.09
	(+2)	-2.27	0.30	-7.82	-7.27	-5.04	-1.98	-5.57	0.79	2.44
	(+3)	-4.77	-2.46	-9.16	-3.42	-3.04	-17.52	-6.89	-8.38	-7.65
janeiro	(-3)	-1.13	-1.50	-9.97	1.24	-10.77	-	-3.87	-4.02	-1.30
	(-2)	-1.37	-1.20	-8.89	1.89	-3.24	-	-2.08	-1.31	-2.60
	(-1)	1.19	2.70	-6.52	1.53	-2.48	-	-0.66	-0.61	-4.39
	(+1)	-2.45	1.02	-1.89	-1.82	-3.11	3.90	-5.67	-10.57	0.90
	(+2)	-1.01	2.16	-0.65	-5.16	-3.52	4.65	-5.57	-5.94	1.95
	(+3)	-5.19	0.72	-1.99	-8.65	-5.18	0.68	-5.67	-8.91	0.49
fevereiro	(-3)	-	1.44	-7.33	-0.15	0.41	-	-	-0.44	-3.42
	(-2)	-	3	-6.36	-0.07	-2.21	-	-	-0.26	-0.73
	(-1)	-	4.15	-4.47	-0.07	-1.04	-	-	-0.09	-2.28
	(+1)	-	1.02	-1.02	-0.07	-2.48	3.90	-	-	0.90
	(+2)	-	1.62	-3.61	-0.07	-2.35	3.83	-	-	-4.31
	(+3)	-	1.86	-5.82	-0.15	-6.83	1.92	-	-	-2.93

4.5 Índices térmicos

No presente estudo, todo o ciclo de vida da cultura de grama verde, desde a sementeira da semente de grama verde até à maturidade da colheita, foi dividido em 5 fases fenológicas distintas, a saber, emergência, início da floração, início da vagem, início da semente e maturidade da colheita. Foram calculados índices agro-meteorológicos como os graus-dia de crescimento (GDD), a unidade fototérmica (PTU), a unidade heliotérmica (HTU) e a eficiência da utilização térmica necessária para a obtenção das fases fenólicas das cultivares de grama verde em condições meteorológicas variáveis.

4.5.1 Dias de Grau de Crescimento (GDD C dias)

Os GDD acumulados de grama verde em diferentes estágios em diferentes datas de semeadura por várias cultivares são apresentados na Tabela 4.26.

O número total de dias necessários para atingir o estágio de maturidade da colheita na *cv.* CO-4 para a primeira, segunda e terceira datas de semeadura foi de 98, 103 e 105 dias, respetivamente, com valores totais de GDD de 1293,72, 1310,90 e 1346,62 para a primeira, segunda e terceira datas de semeadura. Da mesma forma, o número total de dias na *cv.* GBM-1 no mesmo estágio para a primeira, segunda e terceira datas de semeadura foi de (101 dias), (107 dias) e (110 dias), respetivamente, enquanto os valores totais de GDD para a primeira, segunda e terceira datas de semeadura foram de 1329,00, 1348,50 e 1373,54. A acumulação de graus-dia de crescimento desde a sementeira até à maturidade da colheita foi relativamente mais elevada na *cv.* CO-4 e *cv.* GBM-1 em comparação com a *cv.* GM-7 devido à maior duração das cultivares. Por outro lado, o número total de dias desde a semeadura até a maturidade da colheita para a *cv.* GM-7 foi de (78 dias), (81 dias) e (83 dias) para a primeira, segunda e terceira datas de semeadura, respetivamente, com valores totais de GDD de 1035,72, 1042,95 e 1072,60 (Tabela 4.26). O GDD total foi requerido mais alto na *cv.* GBM-1 seguido pela *cv.* CO-4 devido à maior duração da cultivar.

O GDD necessário desde a sementeira até à maturidade da colheita foi mais elevado na terceira data de sementeira (D3) do que na data de sementeira inicial (D1), devido ao aumento da duração da fenofase, o que provocou um aumento dos índices agroclimáticos. De acordo com os resultados, o valor de GDD registou uma tendência crescente com o atraso da sementeira. Estes resultados são apoiados pelas conclusões de Kumar *et al.* (2020) e Tijare *et al.* (2017).

Tabela 4.26: GDD (°C dias) necessários para atingir as fenofases de cultivares de grama verde sob condições climáticas variáveis

Cultivar	Data de sementeira	Semear para Emergência	Emergência até ao início da floração	Início da floração até Pod iniciação	Iniciação do pod para Iniciação das sementes	Início das sementes até à maturidade da colheita	Total (da sementeira à maturidade da colheita)
CO-4	**27th Octo. (DI)**	76.85 (5)	649.75 (43)	118.91 (H)	109.70 (9)	338.51 (30)	1293.72 (98)
	11th Nov. (D2)	72.75 (5)	642.50 (47)	113.50 (9)	114.50 (10)	367.65 (32)	1310,90 (IO3)
	26th Nov. (D3)	72.15 (6)	582.42 (48)	120.50 (H)	120.35 (12)	451.20 (31)	1346.62 (105)
GBM-1	**27th Octo. (DI)**	76.85 (5)	694.65 (47)	86.00 (8)	113.45 (9)	358.05 (32)	1329.00 (101)
	11th Nov. (D2)	89.25 (6)	641.75 (48)	106.30 (9)	103.90 (9)	407.30 (35)	1348.50 (107)
	26th Nov. (D3)	88.12 (6)	601.55 (47)	104.00 (10)	106.92 (10)	472.95 (37)	1373,54 (HO)
GM-7	**27th Octo. (DI)**	61.50 (4)	554.72 (38)	103.25 (9)	72.25 (7)	244.00 (20)	1035.72 (78)

	11th Nov. (D2)	72.70 (5)	520.55 (37)	107.90 (9)	102.65 (7)	239.10 (23)	1042.95 (81)
	26th Nov. (D3)	72.15 (5)	510.41 (40)	98.23 (§)	121.50 (§)	270.31 (22)	1072.60 (83)

4.5.2 Unidade fototérmica (PTU) (C dias h)

A PTU da grama verde em diferentes estágios em diferentes datas de semeadura por várias cultivares é apresentada no Quadro 4.27.

O número total de dias na *cv.* CO-4 desde a semeadura até a maturidade da colheita para a primeira, segunda e terceira datas de semeadura foi de 98, 103 e 105 dias, respetivamente, com valores totais de PTU de 14504,3, 14668,0 e 15018,6 para a primeira, segunda e terceira datas de semeadura. Da mesma forma, o número total de dias na *cv.* GBM-1 no mesmo estágio para a primeira, segunda e terceira datas de semeadura foi de (101 dias), (107 dias) e (110 dias), respetivamente, enquanto os valores totais de PTU para a primeira, segunda e terceira datas de semeadura foram 14919,1, 15042,7 e 15323,9. Por outro lado, o número total de dias desde a sementeira até ao estádio de maturação da colheita para a *cv.* GM-7 foi de (78 dias), (81 dias) e (83 dias) para a primeira, segunda e terceira datas de semeadura, respetivamente, com valores totais de PTU de 11529,3, 11518,0 e 11843,0 (Tabela 4.27).

Os valores mais elevados de PTU foram observados na terceira data de sementeira, seguidos da segunda e primeira datas de sementeira em todos os genótipos, porque o GDD absorveu mais na terceira data de sementeira (D3) e as horas de sol máximas possíveis permaneceram mais elevadas na terceira data de sementeira. A PTU aumentou com o atraso das sementeiras em todas as variedades. Estes resultados são apoiados pelas conclusões de Kumar *et al.* (2020), Pal *et al.* (2013) e Tijare *et al.* (2017).

4.5.3 Unidades heliotérmicas (HTU) (°C dias h)

O número total de dias na *cv.* CO-4 desde a semeadura até a maturidade da colheita para a primeira, segunda e terceira datas de semeadura foi de 98, 103 e 105 dias, respetivamente, com valores totais de HTU de 9120,62, 9599,29 e 10168,42 para a primeira, segunda e terceira datas de semeadura. Da mesma forma, o número total de dias na *cv.* GBM-1 no mesmo estágio para a primeira, segunda e terceira datas de semeadura foi de (101 dias), (107 dias) e (110 dias), respetivamente, enquanto os valores totais de HTU para a primeira, segunda e terceira datas de semeadura foram 9435,11, 9958,96 e 10242,43. Por outro lado, o número total de dias desde a sementeira até ao estádio de maturação da colheita para a *cv.* GM-7 foi de (78 dias), (81 dias) e (83 dias) para a primeira, segunda e terceira datas de semeadura, respetivamente, com valores totais de HTU de 7081,82, 7102,64 e 7225,56 (Tabela 4.28).

Os maiores valores de HTU foram observados na terceira data de semeadura (Tabela 4.26), seguidos pela segunda e primeira datas de semeadura em todos os genótipos, porque na terceira data de semeadura (D3), a absorção de GDD foi maior e o sol brilhante real Tabela 4.27: PTU (°C dias hr) necessário para atingir as fenofases de cultivares de grama verde sob condições climáticas variáveis

Cultivar	Data de sementeira	Semear para Emergência	Emergência até ao início da floração	Início da floração até Pod	Iniciação do pod para Iniciação	Início das sementes até à maturidade	Total (da sementeira à maturidade

				iniciação	das sementes	da colheita	da colheita)
CO-4	27th Octo. (DI)	899.15 (5)	7277.20 (43)	1296.12 (H)	1206.70 (9)	3825.16 (30)	14504.33 (98)
	11th Nov. (D2)	814.80 (5)	7003.25 (47)	1305.25 (9)	1316.75 (10)	4227.98 (32)	14668.03 (IO3)
	26th Nov. (D3)	808.08 (6)	6348.38 (48)	1337.55 (H)	1335.89 (12)	5188.80 (31)	15018.69 (105)
GBM-1	27th Octo. (DI)	899.15 (5)	7780.08 (47)	946.00 (8)	1247.95 (9)	4045.96 (32)	14919.14 (101)
	11th Nov. (D2)	999.60 (6)	6995.07 (48)	1169.31 (9)	1194.85 (9)	4683.95 (35)	15042.78 (107)
	26th Nov. (D3)	986.94 (6)	6556.89 (47)	1154.40 (10)	1186.81 (10)	5438.93 (37)	15323.98 (HO)
GM-7	27th Octo. (DI)	719.55 (4)	6212.87 (38)	1125.43 (9)	787.53 (7)	2684.00 (20)	11529.36 (78)
	11th Nov. (D2)	814.80 (5)	5778.11 (37)	1176.11 (9)	1118.89 (7)	2630.10 (23)	11518.00 (81)
	26th Nov. (D3)	808.08 Q)	5563.47 (40)	1080.53 (§)	1336.50 (§)	3054.50 (22)	11843.08 (83)

horas (BSS) foram mais elevadas. Os resultados são apoiados pelas conclusões de Kumar *et al.* (2020), Pal *et al.* (2013) e Tijare *et al.* (2017).

4.5.4 Eficiências de utilização térmica

4.5.4.1. Eficiências de utilização de calor (kg C dia^{-1})

Os valores da tabela 4.29 revelam que na *cv.* CO-4 foi observada uma maior eficiência no uso do calor (1,32 kg C dia$^{-1)}$ na terceira data de sementeira (D3) seguida da segunda data de sementeira (D2). Da mesma forma, na *cv.* GBM-1 foi observada uma maior eficiência no uso do calor (1,11 kg C dia^{-1}) na terceira data de sementeira (D3) seguida da segunda data de sementeira (D2). Na *cv.* GM-7 foi observada maior eficiência no uso do calor (1,11 kg C dia^{-1}) na terceira data de semeadura (D3) seguida por uma data de semeadura normal (D2). O resultado mostrou que a HUE aumentou com a sementeira tardia da cultura. Resultados totalmente semelhantes foram encontrados por Tijare *et al.* (2017).

4.5.4.2 Eficiências de utilização fototérmica (kg C dia^{-1} hr^{-1})

Os dados tabulados na Tabela 4.29 revelaram que a maior eficiência de uso fototérmico foi observada na *cv.* CO-4 (0,12 kg C dia^{-1} hr^{-1}) na terceira data de semeadura (D3) seguido da segunda data de semeadura. Da mesma forma para a *cv.* GBM-1 a maior eficiência de uso fototérmico (0,10 kg C dia^{-1} hr^{-1}) foi observada na terceira data de semeadura (D3) seguida da segunda data de semeadura (D2). Na *cv.* GM-7 foi observada maior eficiência de uso fototérmico (0,10 kg C dia^{-1} hr^{-1}) na terceira data de semeadura (D3) seguida da data de semeadura normal (D2). **4.5.4.3 Eficiência do uso heliotérmico (kg C dia^{-1} hr^{-1})**

Os dados apresentados na tabela 4.29 indicam que a maior eficiência de uso heliotérmico foi observada na *cv.* CO-4 (0,17 kg C dia^{-1} hr^{-1}) em todas as datas de semeadura. Similarmente para a *cv.* GBM-1 a maior unidade Heliotérmica foi observada (0,15 kg C dia^{-1} hr$^{(-1)}$)) na terceira data de semeadura (D3) seguida pela segunda e primeira data de semeadura (D2 e D1).

Na *cv.* GM-7 foi observada maior eficiência de uso heliotérmico (0,16 kg C dia^{-1} hr^{-1}) na terceira data de semeadura (D3) seguida pela segunda data de semeadura (D2).

4.5.5 Análise comparativa entre unidades térmicas e rendimento de sementes de grama verde

O GDD acumulado na maturidade da colheita foi mais elevado na terceira data de sementeira (D3) seguida da segunda data de sementeira (D2) (Quadro 4.26) e o rendimento médio de sementes de grama verde foi mais elevado na terceira data de sementeira (D3) (1456 kg ha^{-1}) seguida da segunda data de sementeira (D2) (1357 kg ha^{-1}) e da primeira data de sementeira (D1) (1270 kg ha^{-1}). O GDD acumulado estava numa relação linear com a produção de sementes. Durante a estação *rabi*, a cultura de grama verde plantada a 26 de novembro acumulou o máximo de GDD devido à maior duração das fenofases e produziu um rendimento de sementes mais elevado em comparação com outras datas de sementeira.

Tabela 4.28: HTU (°C dias hr) necessário para atingir as fenofases de cultivares de grama verde sob condições climáticas variáveis

Cultivar	Data de sementeira	Semear para Emergência	Emergência até ao início da floração	Início da floração até Pod iniciação	Iniciação do pod para Iniciação das sementes	Início das sementes até à maturidade da colheita	Total (da sementeira à maturidade da colheita)
CO-4	27th Octo. (DI)	693.28 (5)	4391.77 (43)	864.50 (H)	733.80 (9)	2437.27 (30)	9120.62 (98)
	11th Nov. (D2)	612.57 (5)	4198.93 (47)	654.83 (9)	849.00 (10)	3283.96 (32)	9599.29 (IO3)
	26th Nov. (D3)	710.76 (6)	3607.26 (48)	619.52 (H)	1100.00 (12)	4130.88 (31)	10168.42 (105)
GBM-1	27th Octo. (DI)	693.28 (5)	4696.63 (47)	646.04 (8)	749.78 (9)	2649.38 (32)	9435.11 (101)
	11th Nov. (D2)	709.92 (6)	4153.95 (48)	628.55 (9)	772.90 (9)	3693.64 (35)	9958.96 (107)
	26th Nov. (D3)	710.76 (6)	3510.66 (47)	741.44 (10)	806.82 (10)	4473.19 (37)	10242.43 (HO)
GM-7	27th Octo. (DI)	558.20 (4)	3752.28 (38)	664.02 (9)	539.69 (7)	1567.63 (20)	7081.82 (78)
	11th Nov. (D2)	612.57 (5)	3312.22 (37)	738.35 (9)	565.28 (7)	1874.22 (23)	7102.64 (81)
	26th Nov. (D3)	631.05 (5)	3012.69 (40)	620.20 (§)	645.92 (§)	2315.70 (22)	7225.56 (83)

Quadro 4.29: Eficiências de utilização de calor dos genótipos de grama verde em condições meteorológicas variáveis

Cultivares	Datas de sementeira	HUE (kg C dia^{-1})	PTUE (kg C dia^{-1} hr^{-1})	HTUE (kg C dia^{-1} hr^{-1})
CO-4	27th Octo. (D1)	1.23	0.11	0.17
	11th Nov. (D2)	1.27	0.11	0.17

	26th Nov. (D3)	1.32	0.12	0.17
GBM-1	**27th Octo. (D1)**	0.98	0.09	0.14
	11th Nov. (D2)	1.02	0.09	0.14
	26th Nov. (D3)	1.11	0.10	0.15
GM-7	**27th Octo. (D1)**	0.94	0.08	0.14
	11th Nov. (D2)	1.04	0.09	0.15
	26th Nov. (D3)	1.11	0.10	0.16

As necessidades acumuladas de unidades heliotérmicas (HTU) e o rendimento de sementes registado foram máximos na terceira data de sementeira (D3). Foi estabelecida uma relação linear entre as HTU e o rendimento das sementes.

A unidade fototérmica acumulada (PTU) na maturidade da colheita e o rendimento de sementes registado foram máximos na terceira data de sementeira (D3), seguidos da segunda e primeira datas de sementeira. Este pode ser devido a um aumento no número máximo de horas de sol possíveis com o tempo.

A eficiência do uso do calor foi observada mais elevada na terceira data de sementeira (D3), seguida da segunda e da primeira data de sementeira, e a produção de sementes registada foi máxima na terceira data de sementeira (D3), seguida da segunda e da primeira data de sementeira. Um resultado semelhante foi encontrado na eficiência de utilização fototérmica (PTUE) e heliotérmica (HTUE). A interpretação foi feita a partir do resultado acima, ou seja, as eficiências de utilização térmica, *isto é,* HUE, PTUE e HTUE, estavam numa relação linear com a produção de sementes de grama verde.

CAPÍTULO 5

RESUMO E CONCLUSÕES

5.1. Geral

Este capítulo descreve um resumo breve e preciso dos procedimentos e técnicas seguidos, dos resultados obtidos e das conclusões tiradas do estudo intitulado **"Calibração, validação e sensibilidade do modelo DSSAT CROPGRO-Green gram para o greengram em diferentes ambientes de cultivo na região de Navsari, no sul de Gujarat"**.

5.2. Objectivos e metodologia

Para cumprir os objectivos do presente problema de investigação, o modelo CROPGRO-Dry bean (v4.7.5) foi calibrado e validado para a análise de sensibilidade da cultura de grama verde.

5.3. Calibração do modelo DSSAT CROPGRO

Os dados do ano anterior sobre o solo, os dados meteorológicos e os dados da experiência de campo foram utilizados para calibrar o modelo CROPGRO-Dry bean (v4.7.5) para a cultura da grama verde. A calibração dos parâmetros do coeficiente genético é efectuada com a ajuda da calculadora do coeficiente genético GLUE e o ajuste dos parâmetros até se obter o resultado desejável entre o valor observado e o simulado.

5.4. Validação do modelo

A validação do modelo CROPGRO-Dry bean utilizando o conjunto de dados da experiência de campo sobre dias para a emergência, dias para a iniciação da floração, dias para a iniciação da vagem, dias para a iniciação da semente, dias para a maturidade da colheita, altura da planta, rendimento da semente, número de vagens m^{-2}, número de vagens de $semente^{-1}$, peso da vagem, rendimento da vagem e HI (índice de colheita). A exatidão do modelo foi testada utilizando os parâmetros estatísticos, *nomeadamente* o erro absoluto médio (MAE), o erro de desvio médio (MBE), o erro quadrático médio (RMSE), o erro percentual (PE) e o teste t de Student para exprimir o desvio entre os valores observados e os simulados.

5.5. Resumo dos resultados

5.5.1. Validação do modelo para fenómenos fenológicos

5.5.1.1 Dias até à emergência

Foi registada uma boa concordância entre os dias observados e simulados para a emergência na *cv.* CO-4 e *cv.* GBM-1 em ambos os níveis de fertilizante (F1 e F2) com PE é de 13,3%. Vários critérios de teste revelaram que o desempenho do modelo em termos de simulação de dias para a emergência foi satisfatório.

5.5.1.2 Dias para o início da floração

O menor erro percentual entre o observado e o simulado para dias para o início da floração foi encontrado na *cv.* GM-7 em ambos os níveis de fertilizante (F1 e F2) com PE é de 7,2 % seguido pela *cv.* GBM-1 em ambos os níveis de fertilizante com PE é de 13,6 %. Vários critérios de teste demonstraram que a simulação do modelo de dias para o início da floração ficou aquém das expectativas.

5.5.1.3 Dias para o início da vagem

Para dias para o início das vagens, o menor erro percentual entre o observado e o simulado foi obtido na *cv.* GM-7 em ambos os níveis de fertilizante com PE é de 5,6%, seguido pela *cv.* GBM-1 no nível de fertilizante F2 com PE é de 8,8 %. A simulação do modelo de dias de início de vagem ficou aquém das previsões em vários critérios de teste.

5.5.1.4 Dias para o início da sementeira

Para dias para o início da semeadura, o menor erro percentual entre o observado e o simulado foi obtido na *cv*. GM-7 em ambos os níveis de fertilizante (F1 e F2) com PE é de 1,4 %, seguido pela *cv*. GBM-1 no nível F2 de fertilizante com PE é de 6,5 %. O modelo de simulação de dias de início de semente ficou aquém das previsões em vários critérios de teste. **5.5.1.5 Dias para a maturidade da colheita**

Foi registada uma boa concordância entre os dias observados e simulados para a maturidade da colheita na *cv*. GBM-1 e *cv*. GM-7 em ambos os níveis de fertilizante (F1 e F2) com PE é de 4%. Vários critérios de teste revelaram que o desempenho do modelo em termos de simulação de dias para a maturidade da colheita foi satisfatório.

5.5.2 Validação do modelo para atributos de crescimento e rendimento

5.5.2.1 Rendimento das sementes (kg ha^{-1})

O menor erro percentual foi encontrado entre os valores observados e simulados para o rendimento de sementes na *cv*. CO-4 no nível de fertilizante F2 com PE muito baixo 0,93 % seguido pela *cv*. GM-7 no nível de fertilizante F2 com PE de 3,5 %. Os modelos mostraram boa precisão para a simulação da produção de sementes.

5.5.2.2 Rendimento de vagens (kg ha^{-1})

O menor erro percentual foi encontrado entre os valores observados e simulados para a produção de vagens na *cv*. CO-4 ao nível de fertilizante F2 com PE é de 4,8 %, seguido pelo nível de fertilizante F1 com PE é de 5,8 %. Os modelos mostraram boa precisão para a simulação do rendimento de vagens. A simulação do modelo de produção de vagens ficou aquém das previsões em vários critérios de teste.

5.5.2.3 Peso da vagem (g)

O menor erro percentual foi encontrado entre os valores observados e simulados para o peso da vagem na *cv*. GM-7 ao nível de fertilizante F2 com PE é de 4,4 % seguido pela *cv*. CO-4 ao nível de fertilizante F1 com PE é de 5,3 %. O modelo mostrou boa precisão para a simulação do peso das vagens.

5.5.2.4 Altura da planta (cm)

Foi registada uma boa concordância entre a altura da planta observada e simulada na *cv*. CO-4 ao nível de fertilizante F2 com PE é de 2,76%, seguido pelo nível de fertilizante F1 com PE é de 3,33%. Vários critérios de teste revelaram que o desempenho do modelo em termos de simulação da altura da planta foi satisfatório.

5.5.2.5 Número de sementes por vagem^{-1}

Foi registada uma boa concordância entre o número observado e simulado de sementes por vagem $^{-1}$ na *cv*. GM-7 ao nível de fertilizante F2 com PE é de 2,2 % seguido pela *cv*. CO-4 ao nível de fertilizante F2 com PE é de 2,9 %. Vários critérios de teste revelaram que o desempenho do modelo em termos de simulação do número de sementes de vagem $^{-1}$ foi satisfatório. **5.5.2.6 Número de vagens m^{-2}**

O menor erro percentual foi encontrado entre os valores observados e simulados para o número de vagens m^{-2} na *cv*. GM-7 no nível de fertilizante F1 com PE é de 3,4 %, seguido pelo nível de fertilizante F2 com PE é de 4,7 %. O modelo mostrou boa precisão na simulação do número de vagens m^{-2}.

5.5.2.7 Índice de colheita

O menor erro percentual foi encontrado entre os valores observados e simulados para o índice de colheita na *cv*. GM-7 no nível de fertilizante F1 com PE é de 9,9%, seguido pelo nível de fertilizante F2 com PE é de 12,1%. O modelo de simulação do índice de colheita ficou aquém das previsões em vários critérios de teste.

5.5.3. Efeitos dos diferentes tratamentos no crescimento da cultura

5.5.3.1. Efeito das datas de sementeira

A sementeira de 26 de novembro (D3) influenciou significativamente a maioria dos atributos de crescimento dos genótipos de grama verde e vários atributos de rendimento (ou seja, número de vagens de sementes $^{-1}$, número de vagens m $^{-2}$, peso da vagem, altura da planta, rendimento da vagem, rendimento da semente e índice de colheita) foi significativamente maior do que outras datas de sementeira.

5.5.3.2 Efeito dos genótipos

Os genótipos influenciaram significativamente a maioria dos atributos de crescimento e rendimento dos genótipos de grama verde: número de vagens de sementes $^{-1}$, número de vagens m $^{-2}$, número de ramos da planta $^{-1}$, rendimento de vagens, altura da planta, rendimento de sementes e índice de colheita. Os valores desses caracteres foram maiores na *cv.* CO-4 seguido da *cv.* GBM-1 e *cv.* GM-7.

5.5.3.3 Efeito dos níveis de fertilizantes

O tratamento com o nível de fertilizante 20-40-00 NPK kg ha^{-1} (F2) registou um valor significativamente mais elevado de atributos de crescimento de genótipos de grama verde, e o tratamento com o nível de fertilizante 15-30-00 NPK kg ha^{-1} (F1) observou uma redução significativa nos caracteres de atributos de crescimento. Os atributos de crescimento dos caracteres aumentaram com um aumento na taxa de N2 e P2O5 de 15 a 30 kg ha^{-1} para 20 a 40 kg ha^{-1}.

5.5.4 Análise de sensibilidade do modelo CROPGRO-Dry bean para grama verde 5.5.4.1 Efeito da temperatura máxima no rendimento de sementes

A sensibilidade do rendimento de sementes simulado pelo modelo CROPGRO a unidades incrementais de temperatura máxima de +1 a +5C mostrou uma diminuição gradual nos níveis de rendimento. Por outro lado, a sensibilidade do rendimento de sementes simulado à temperatura máxima reduzida de -1 a -5C mostrou um aumento gradual no rendimento de sementes. A redução do rendimento foi observada no máximo sob a data de sementeira de 27 de outubro (D1) e no mínimo sob a ^{data} de sementeira de 26 de novembro (D3) quando a temperatura máxima foi aumentada em +5C. **5.5.4.2 Efeito da temperatura mínima na produção de sementes**

A sensibilidade do rendimento de sementes simulado pelo modelo CROPGRO a unidades incrementais de temperatura mínima +1 a +5C mostrou uma diminuição gradual no rendimento de sementes. Considerando que, a sensibilidade do rendimento de sementes simulado à temperatura mínima reduzida de -1 a -2C mostrou um aumento gradual no rendimento de sementes, mas a temperatura mínima reduzida de -3 a -5C mostrou uma diminuição gradual no rendimento de sementes. Foi observada uma redução máxima do rendimento na data de sementeira de 27 de outubro (D1) com o aumento da temperatura mínima em +5C em todas as cultivares de grama verde.

5.5.4.3 Efeito do CO2 elevado na produção de sementes

A sensibilidade da produção de sementes simulada pelo modelo CROPGRO a unidades incrementais de dióxido de carbono (450 a 600 ppm) resultou num aumento gradual da produção de sementes. Foi observado um aumento máximo na produção de sementes na data de sementeira de 27 de outubro (D1) a 600 ppm de concentração de CO2.

5.5.4.4 Efeito combinado da temperatura máxima e mínima no rendimento das sementes

O resultado revelou que o aumento da temperatura máxima e mínima (+1 a +5 C) teve um impacto negativo na produção de sementes e a diminuição da temperatura mínima e máxima teve um impacto positivo na produção de sementes. A produção de sementes diminuiu mais com o efeito combinado da temperatura máxima e mínima do que com o efeito individual da temperatura máxima e mínima na produção de sementes. **5.5.4.5 Variabilidade intra-sazonal** A produção de sementes aumentou ou diminuiu ao máximo nos meses de novembro e dezembro devido à alteração da temperatura máxima. A interpretação foi feita a partir do resultado acima, ou seja, novembro e dezembro foram considerados os períodos mais sensíveis para a variação do rendimento devido a mudanças na temperatura máxima. Observou-se principalmente que, na fase de desenvolvimento da cultura, o impacto da temperatura foi maior. A perda máxima na produção de sementes foi observada na *cv.* GBM-1 e *cv.* CO- 4 nos meses de novembro e dezembro.

5.5.5 Índices térmicos

5.5.5.1 Graus-dia de crescimento (C dia)

O valor significativamente mais alto de GDD total foi observado na *cv.* GBM-1 (1373,54 °*C* dia) seguido pela *cv.* CO-4 na terceira data de semeadura (1346,62 °*C* dia). Os resultados mostraram que os valores totais de GDD aumentaram com o atraso da sementeira.

5.5.5.2 Unidades fototérmicas (C dia hr)

Na *cv.* GBM-1, observou-se um valor significativamente mais elevado de PTU total na terceira data de sementeira (15323,0 dias *C*) seguido da segunda data de sementeira (15042,7 dias). Os resultados mostraram que os valores de PTU total aumentaram com o atraso na semeadura.

5.5.5.3 Unidades heliotérmicas (C dia hr)

Na *cv.* GBM-1, observou-se um valor significativamente mais elevado de HTU total na terceira data de sementeira (10242,4 *C* dia) seguido da segunda data de sementeira (9958,9 *C* dia). Os resultados mostraram que o HTU total aumentou com o atraso da semeadura.

5.5.5.4 Eficiências de utilização térmica

> **Eficiências de utilização de calor (kg C dia^{-1})**

Na *cv.* CO-4 observou-se maior valor de HUE na terceira data de semeadura (1,32 kg *C* dia^{-1}) seguido da segunda data de semeadura (1,27 kg *C* dia$^{-1)}$. Na *cv.* GBM-1 e *cv.* GM-7 o maior valor de HUE foi observado na terceira data de semeadura (1,11 kg *C* dia^{-1}) seguido da segunda data de semeadura (1,02 e 1,04 kg *C* dia$^{-1)}$.

> **Eficiências de utilização fototérmica (kg C dia^{-1} hr^{-1})**

Na *cv.* CO-4 observou-se maior valor de PTUE na terceira data de semeadura (0,12 kg *C* dia^{-1} hr^{-1}) seguido da segunda data de semeadura (0,11 kg *C* dia^{-1} hr$^{-1)}$.

> **Eficiências de utilização heliotérmica (kg C dia^{-1} hr^{-1})**

Na *cv.* CO-4 foi observado um valor mais elevado de HTUE na terceira data de sementeira (0,17 kg °*C* dia^{-1} hr^{-1}) seguido da *cv.* GM-7 (0,16 kg °*C* dia^{-1} hr^{-1}) na terceira data de semeadura. Na *cv.* GBM-1 o valor mais alto de HTUE foi observado na terceira data de semeadura (0,15 kg °*C* dia^{-1} hr$^{(-1}$)) seguido pela segunda data de semeadura (0,14 kg *C* dia^{-1} hr$^{(-1}$)).

> **Conclusões**

Dos resultados do presente inquérito podem ser extraídas as seguintes conclusões gerais

1. A semente de grama verde semeada a 26 de novembro (segunda quinzena de novembro) foi considerada óptima para um maior rendimento de sementes na zona de chuvas fortes do Sul de Gujarat (zona agro-climática I de Gujarat). Esta janela de sementeira proporcionou condições climatéricas óptimas durante o período de crescimento da cultura.

2. O modelo CROPGRO-Dry bean previu com êxito a fenologia, o crescimento e os caracteres que atribuem rendimento às cultivares de grama verde com um erro de 8,02%.
3. Os estudos de alterações climáticas sobre o rendimento de sementes foram simulados de forma satisfatória pelo modelo CROPGRO-Dry bean para a grama verde em condições ambientais variáveis. Este facto demonstrou claramente a robustez do modelo CROPGRO-Dry bean.
4. O aumento e a diminuição das temperaturas máximas e mínimas tiveram um impacto negativo ou positivo na produção de sementes de grama verde, variando a sua extensão com as cultivares e o mês de mudança de temperatura. Verificou-se que a variação de temperatura durante novembro e dezembro teve um efeito máximo na cultura de grama verde semeada cedo (DI). Observou-se um efeito global negativo e positivo da temperatura sobre as cultivares, mais sob temperatura máxima do que sob temperatura mínima.
5. Os índices térmicos da cultura, *ou seja,* GDD, PTU, HTU e EDU, foram significativamente afectados pela data de sementeira e pelos genótipos, que são diretamente relevantes para o crescimento e a fenologia das plantas e podem ser utilizados para avaliar o desempenho da cultura na avaliação da adequação das cultivares a uma determinada localidade, dependendo do ambiente térmico.

REFRÊNCIAS

Akula, B.; e Shekh, A. M. (2005). Calibração de campo e avaliação do modelo de simulação de culturas, InfoCrop para estimar o rendimento do trigo. *J. Agromet.*, **7** (2): 199-207.

Anónimo (2021). http://dpd.gov.in/PULSES.

Anurag, S. e Singh Shruti, V. (2019). Calibração e validação do modelo DSSAT (v. 4.7) para arroz em Prayagraj. *J. Pharmacognosy and Phytochemistry*, **8** (4): 2916-2919.

Bhatia, V. S.; Singh, P.; Wani, S. P.; Chauhan, G. S.; Rao, A. K.; Mishra, A. K. e Srinivas, K. (2008). Análise dos rendimentos potenciais e das lacunas de rendimento da soja de sequeiro na Índia utilizando o modelo CROPGRO-Soybean. *Agric. and forest met.*, **148** (9): 1252-1265.

Bhuva, H. M. e Detroja, A. C. (2018). Requisito térmico das variedades de milheto de pérola na região de Saurashtra. *J. Agromet.*, **20** (4): 329.

Biswas, S.; Chakraborty, A.; Maji, S. e Bandopadhyay, P. (2019). Eco-fisiologia e economia de grama verde e grama preta como influenciada por datas de semeadura em verões tropicais. *Int. J. Curr. Microbiol. App. Sci.*, 8 **(9)**: 431439.

Butterfield, R. E. e Morison, J. I. (1992). Modelação do impacto do aquecimento climático no desenvolvimento dos cereais de inverno. *Agri. and Forest Met.*, **62** (4): 241-261.

Chakraborty, P. K.; Samanta, S.; Banerjee, S. e Mukherjee, A. (2017). Eficiência de uso térmico para determinar a data ideal de transplante e regime hídrico em arroz Boro. *J. Agromet.*, **19** (2): 149-152.

Chaudhari, N. V.; Kumar, N.; Parmar, P. K.; Dakhore, K. K.; Chaudhari, S. N. e Chandrawanshi, S. K. (2019). Índices térmicos em relação à fenologia da cultura e rendimento do arroz (*Oryza saliva* L.) cultivado na região sul de Gujarat. *J. Pharmacogn. Phytochem.*, **8** (2): 146-149.

Gowda, P. T.; Halikatti, S. I. e Manjunatha, S. B. (2013). Necessidade térmica do milho (*Zea mays* L.) influenciada pelas datas de plantio e sistemas de cultivo. *Res. J. Agric. Sci.*, **4** (2): 207-10.

Gudadhe, N. N.; Kumar, N.; Pisal, R. R.; Mote, B. M. e Dhonde, M. B. (2013). Avaliação dos índices agrometeorológicos em relação à fenologia da cultura do algodão (*Gossipium* spp.) e do grão-de-bico (*Cicer aritinum* L.) na região de Rahuri, em Maharashtra. *Trends Biosci.*, **6** (3): 246-250.

Guled, P. M.; Shekh, A. M.; Patel, H. R.; Pandey, V. e Patel, G. G. (2012). Validação do modelo CROPGRO-amendoim na região agroclimática do meio de Gujarat. *J. Agromet.*, **14** (2): 154-157.

Hadiya, N. J.; Kumar, N.; Mote, B.; Thumar, C. e Patil, D. (2017) Avaliação comparativa dos modelos WOFOST e CERES-rice na simulação do rendimento de cultivares de arroz em Navsari. *Orient. J. Computer Sci. and Tech.*, **10** (1): 255-259.

Harb, O. M.; Abd El-Hay, G. H.; Hager, M. A. e Abou El-Enin, M. M. (2013). Calibração e validação dos modelos DS SAT V. 4.6.1, CERES e CROPGRO para simulação de plantio direto no Delta Central, Egito. *Agrotech.*, **5** (143): 2.

IPCC, (2021). The physical science basis of climate change - A report of the Intergovernmental Panel on Climate Change. Quarto relatório de avaliação.

Iyanda, R. A.; Pranuthi, G.; Dubey, S. K. e Tripathi, S. K. (2014). Utilização do modelo de milho DSSAT CERES como ferramenta de identificação de zonas potenciais para a produção de milho na Nigéria. *Int J. Agric. Policy Res.*, **2**:69-75.

Jackson, M. L. (1973). "Soil Chemical Analysis". Prentience Hall of India Pvt. Ltd., Nova Deli: 186-192.

Kaur, N. e Kaur, P. (2019). Projeções de rendimento de milho sob diferentes cenários de mudanças climáticas em diferentes distritos de Punjab. *J. Agromet.*, **21** (2): 154-158.

Kaur, P. e Hundal, S. S. (1999). Forecasting growth and yield of groundnut (*Arachis hypogaea*) with a dynamic simulation model 'PNUTGRO'under Punjab conditions. *The J. Agric. Sci.*, **133** (2): 167-173.

Khirwar, S. S.; Tewatia, B. S. e Panwar, V. S. (2002). Comparative Nutritive Value of Green Gram (*Vigna Radiata* Linn.) Bhusa for Goat and Sheep. *Indian J. Animal Nutrition*, **19** (4): 320-323.

Kumar, K.; Ghosh, M.; Dolui, S.; Banerjee, S. e Saha, A. (2020). Fenologia, índices térmicos e rendimento do greengram de verão [*Vigna radiata* (L.) Wilczek] em diferentes datas de semeadura nas planícies do Ganges de Bengala Ocidental. *J. Food Legumes*, **33** (3): 170-174.

Kumar, N.; Kumar, S. e Nain, A. S. (2014). Resposta do modelo CERES-trigo e CROPGRO-urd (modelo DSSAT v 4.5) para a região de tarai de Uttarakhand. *Mausam, **65*** (1): 109-114.

Kumar, N.; Kumar, S.; Nain, A. S. e Roy, S. (2014). Índices térmicos em relação à fenologia das culturas de trigo (*Triticum aestivum* L.) e urd [*Vigna mungo* (L.) Hepper] na região de Tarai de Uttarakhand. *Mausam*, **65** (1): 215-218.

Kumar, N.; Nain, A. S.; Kumar, S. (2017). Avaliação do impacto das mudanças climáticas através do modelo CROPGRO e CERES para a região de tarai de Uttrakhand. *Indian J. Soil Conserv.*, **45** (1): 12-20.

Kumar, N.; Nain, A. S.; Sumana, R. e Suman, K. (2014). Avaliação do impacto coalescente das alterações climáticas através de modelação de simulação (modelo DSSAT). *J. Agromet.*, **16**: 18-23.

Kumar, N.; Tripathi, P. e Pal, R.K. (2009). Validação da modelação de simulação para parâmetros de crescimento de genótipos de arroz utilizando o CERES 3.5 v para o leste de Uttar Pradesh. *J. Env. and Eco.*, **27** (4): 1490-1494.

Kumar, S.; Niwas, R.; Khichar, M. L.; Kumar, Y. e Premdeep, A. S. (2017). Análise de sensibilidade do modelo DSSAT CROPGRO-Cotton para algodão em diferentes ambientes de cultivo. *Indian JEcol.*, **44** (4): 237-241.

Lal, M.; Singh, K. K.; Srinivasan, G.; Rathore, L. S.; Naidu, D. e Tripathi, C. N. (1999). Respostas de crescimento e rendimento da soja em Madhya Pradesh, Índia, à variabilidade e mudança climática. *Agric. and Forest Met.*, **93** (1): 53-70.

Loague, K. e Green, R. E. (1991). Statistical and graphical methods for evaluating solute transport models: overview and application (Métodos estatísticos e gráficos para avaliar modelos de transporte de soluto: visão geral e aplicação). *J. contaminant hydrology*, **7** (1-2): 51-73.

Makone, P.; Patel, J. G.; Desai, C. K.; Das, S., Pal, V. e Paramar, J. K. (2015). Influência dos parâmetros climáticos no greengram de verão (Vigna radiata (L.) Wilczek) em Sardarkrushinagar. *J. Agromet.*, **17** (1): 142-144.

Medhi, K.; Neog, P.; Goswami, B.; Deka, R. L. e Hussain, R. (2019). Índices agrometeorológicos em relação à fenologia e rendimento do genótipo de arroz (*Oryza sativa* L.) na Zona do Vale do Alto Brahmaputra de Assam, Índia. *Int. J. Curr. Microbiol. App. Sci.*, **8** (6): 1459-1471.

Mishra, S. K.; Shekh, A. M.; Pandey, V.; Yadav, S. B. e Patel, H. R. (2015). Análise de sensibilidade de quatro cultivares de trigo à variação do fotoperíodo e da temperatura em diferentes estágios fenológicos usando o modelo WOFOST. *J. Agromet.*, **17** (1): 74-79.

Monteith, J. L. (1996). A busca do equilíbrio na modelação das culturas. *Agron. J.*, **88** (5): 695697.

Mote B. M.; Neeraj K. e Nawalkar D. P. (2016). Desempenho do modelo CERES-rice para previsão de diferentes cultivares de arroz em Navsari. *Mausam*, **67** (3): 691-696.

Mote B. M.; Yadav S. B.; Neeraj K.; Zinzala M. J. e Pandey V (2020). Simulação da fenologia do amendoim de verão em diferentes datas de semeadura usando o modelo CROPGRO-PEANUT em middle Gujarat. *International J. Microbiology*, **20** (3): 219-222.

Mote, B. M. (2017). Calibração e validação do modelo CROPGRO-peanut (DSSAT v.4.6) para amendoim de verão e análise de sensibilidade às mudanças climáticas no meio de Gujarat. *Tese de doutoramento*; Universidade Agrícola de Anand, Anand; 126 p.

Mote, B. M.; Kumar, N. e Ban, Y. G. (2015). Índices agrometeorológicos de cultivares de arroz em diferentes ambientes em Navsari (Gujarat), Índia. *Plant Archives*, **15** (2): 913-917.

Nath, A.; Karunakar, A. P.; Kumar, A.; Yadav, A.; Chaudhary, S. e Singh, S. P. (2017). Avaliação do modelo CROPGRO-soja (DSSAT v 4.5) na região de Akola de Vidarbha, Índia. *Ecol., Envir. e Conserv.*, **23** (fevereiro Suppl.): 153-159.

Naveen, S. A.; Kokilavani, S.; Ramanathan, S. P.; Dheebakaran, G. A. e Fanish, S. A. (2020). Influência dos parâmetros climáticos e abordagem de tempo térmico na grama verde em Coimbatore, Tamil Nadu. *Int. J. Environ. E mudanças climáticas*, **10** (12): 1-5.

Olsen, S. R.; Col, C. V.; Watanabe, F. S. e Dean, L. A. (1954). Estimativa do fósforo disponível no solo por extração com bicarbonato de sódio, USDA Circ. No. 939.

Pal, R.K.; Rao, M. N. N. e Murty, N.S. (2013). Índices agro-meteorológicos para prever estágios de plantas e rendimento de trigo para colinas de pé do Himalaia Ocidental. *Int. J. Agril. Food Sci. Tech.*, **9** (4): 909-914.

Pandey, V.; Patel, H. R. e Patel, V. J. (2007). Avaliação do impacto das alterações climáticas no rendimento do trigo em Gujarat utilizando o modelo CERES-wheat. *J. Agromet.*, **9** (2): 149-157.

Pandey, V.; Singh, A. K.; Mishra, S. R.; Singh, G.; Deo, K. e Mishra, A. (2019). Avaliação da modelagem de simulação de culturas na cultura do grão-de-bico usando o modelo DSSAT sob condições agroclimáticas do leste da UP. *Pharma Innovation J.*, **8** (4): 1139-1142.

Parmar, P. K.; Patel, H. R.; Yadav, S. B. e Pandey, V. (2013). Calibração e validação do modelo DSSAT para o amendoim Kharif na zona agroclimática norte-Saurashtra de Gujarat. *J. Agromet.*, **15** (1): 62.

Patel, H. R.; Lunagaria, M. M.; Karande, B. I.; Yadav, S. B.; Shah, A. V.; Sood, V. K. e Pandey, V. (2015). Mudanças climáticas e seu impacto nas principais culturas em Gujarat. *J. Agromet.*, **17** (2): 190-193.

Patel, K.G. (2018). Calibração e validação do modelo DSSAT para estudos de mudanças climáticas no grão-de-bico (*Cicer arietinum L.*) na região sul de Gujarat. *Tese M.Sc.(Agri.)*; Universidade Agrícola de Navsari, Navsari; 93-97 p.

Patil, D. D. e Patel, H. R. (2017). Calibração e validação do modelo CROPGRO (DSSAT 4.6) para grão-de-bico na região agroclimática média de GUJARAT. *Int. J. Agric. Sci.*, **9** (27): 4342-4344.

Patil, D. D.; Pandey, V.; Kapadia, V. e Sadhu, A. C. (2019). Análise de sensibilidade do modelo CROPGRO-algodão à variabilidade climática intra-sazonal no meio de Gujarat. *J. Agromet.*, **21** (2): 148-153.

Patil, D.D. (2017). Calibração e validação do modelo CROPGRO (DSSAT v 4.6) para grão-de-bico (*Cicer arietinum L.*) sob diferentes regimes hidrotérmicos da região média de Gujarat. *Tese de doutoramento*; Universidade Agrícola de Anand, Anand; 165 p.

Rai, H. K. e Kushwaha (2005). Validação do modelo CERES-rice para a previsão do rendimento do arroz de terras altas. *J. of Agromet.*, **7** (1): 101-106.

Rajbongshi, R.; Neog, P.; Sarma, P. K.; Sarmah, K.; Sarma, M. K.; Sarma, D. e Hazarika, M. (2016). Índices térmicos em relação à fenologia da cultura e rendimento de sementes de ervilha-de-angola (*cajanus cajan* L millsp.) cultivada na zona das planícies da margem norte de Assam. *Mausam*, **67** (2): 397-404.

Rana, S. (2021). Desempenho do modelo CROPGRO para simular o rendimento de Mungbean (*Vigna radiata*) na região de Tarai de Uttarakhand. *Tese M.Sc. (Agri.)*; G.B. Pant University of agriculture & Technology, Pantnagar; 60 p.

Rao, N. K.; Gadgil, S.; Seshagiri Rao, P. R. e Savithri, K. (2000). Adaptação das estratégias à variabilidade da precipitação: The choice of the sowing window. *Current Sci.,* **78** (10): 1216-1230.

Rao, S. S.; Shivani, D.; Sridhar, V. e Reddy, P. R. (2018). Efeito das datas de semeadura no crescimento e rendimento do greengram (Vigna radiata l.) em situação de chuva. *J. Res. PJTSAU*, **46** (2/3): 47-50.

Rao, V.; Singh, D. e Singh, R. (1999). Eficiência do uso de calor das culturas de inverno em Haryana. *J. Agromet.*, **1** (2): 143-148.

Reddy, R. D.; Sreenivas, G.; Mahadevappa, S. G.; Rao, S. B. S. N. e Verma, N. R. G. (2008). Desempenho do modelo CERES e WOFOST na previsão da fenologia e do rendimento do arroz na região de Telangana de Andhra Pradesh. *J. of Agromet*, **10**: 109-110.

Rehman, A.; Khalil, S. K.; Nigar, S.; Rehman, S.; Haq, I.; Akhtar, S. e Shah, S. R. (2009). Fenologia, altura das plantas e rendimento das variedades de feijão-mungo em resposta à data de plantação. *Sarhad J. Agric.*, **25** (2): 147-151.

Sar, K. e Mahdi, S. S. (2017). Calibração e validação do modelo DSSAT v4. 6 para o arroz Kharif na zona agroclimática (IIIB) de Bihar. *Ini. J. Pure Appl. Biosci.,* **5**: 459-463.

Shamim, M.; Shekh, A. M.; Pandey, V. Y.; Patel, H. R. e Lunagaria, M. M. (2010). Sensibilidade do modelo CERES-Rice a diferentes parâmetros ambientais sobre a produtividade do arroz aromático no meio de Gujarat. *J. Agromet.*, **12** (2): 213-216.

Silawat, S.; Agrawal, K. e Srivastava, A. (2016). Avaliação do modelo CHIKPGRO nas condições climáticas semi-áridas e sub-húmidas de Madhya Pradesh. *mausam*, **67** (3), 599-608.

Singh Shruti, V. e Anurag, S. (2019). Avaliação do impacto das alterações climáticas na cultura do trigo através do modelo DSSAT na região de Prayagraj do Uttar Pradesh. *J. Pharmacogn. andPhytochem.*, **8** (5): 1825-1827.

Singh, H., e Singh, G. (2015). Crescimento, fenologia e índices térmicos do feijão-mungo influenciados pelo tempo de sementeira, variedades e geometria de plantação. *Indian J. Agric. Res.*, **49** (5): 472-475.

Singh, J.; Mishra, S. K.; Kingra, P. K.; Singh, K.; Biswas, B. e Singh, V. (2018). Avaliação do modelo DSSAT-CANEGRO para atributos de fenologia e rendimento da cana-de-açúcar cultivada em diferentes zonas agroclimáticas do Punjab,
Índia. *J. Agromet,* **20** (4): 280.

Singh, M.; Mishra, G. C. e Mall, R. K. (2020). Calibração e validação do modelo CERES-Wheat na Zona de Planície do Nordeste (NEPZ) da Índia. *International J. Agric. Environ. and*

Biotech., **13** (1): 99-103.

Sreenivas, G.; Reddy, M. D. e Reddy, D. R. (2010). Índices agro-meteorológicos em relação à fenologia do arroz aeróbico. *J. Agromet.*, **12** (2): 241-244.

Srivastava, A. K.; Silawat, S. e Agrawal, K. K. (2016). Simulando o impacto das mudanças climáticas no rendimento do grão-de-bico em condições de sequeiro e irrigação em Madhya Pradesh. *J. Agromet.*, **18** (1): 100.

Subbiah, B. V. e Asija, G. L. (1956). Um procedimento rápido para a estimativa do azoto disponível no solo. *Ciência atual*, **25** (8): 259-260.

Tijare, B.; Chorey, A.; Bhale, V. e Kakde, S. (2017). Fenologia e necessidade de unidade de calor de variedades de greengram de verão em diferentes janelas de semeadura. *Int. J. Curr. Microbiol. App. Sci.*, **6** (4): 685-691.

Tyagi, P.K. (2014). Requisitos térmicos, eficiência de uso de calor e respostas de plantas de cultivares de grão-de-bico (Cicer arietinum L.) em diferentes ambientes, *J. Agromet.*, **16** (2): 195-198.

Yadav, M. K.; Singh, R. S.; Singh, K. K.; Mall, R. K.; Patel, C.; Yadav, S. K. e Singh, M. K. (2016). Avaliação do impacto das alterações climáticas nas culturas de leguminosas, oleaginosas e vegetais em Varanasi, Índia. *J. Agromet.*, **18** (1): 13.

Yadav, S. B.; Patel, H. R.; Mishra, S. K.; Parmar, P. K.; Karandey, B. I. e Pandey, V. (2017). Avaliação do impacto das alterações climáticas no rendimento do amendoim da região média de Gujarat. *Mausam*, **68** (1): 93-98.

Yadav, S. B.; Patel, H. R.; Patel, G. G.; Lunagaria, M. M.; Karande, B. I.; Shah, A. V. e Pandey, V. (2012). Calibração e validação do modelo PNUTGRO (DSSAT v4. 5) para caracteres de rendimento e de atribuição de rendimento de cultivares de amendoim *kharif* na região média de Gujarat. *J. Agromet,* **14:** 24-29.

Dados meteorológicos semanais registados durante a época de colheita de 2021-22 (*rabi*)

SMW	Período	Temperatura		BSS	Radiação solar (MJ m^{-2})
		Máximo	Mínimo		
44	27 Out-2 Nov	33.8	17.2	9.1	10.18
45	3 Nov-9 Nov	34.1	19.2	6.8	9.18
46	10 Nov-16 Nov	33.5	15.9	8.1	9.3
47	17 Nov-23 Nov	33.6	21.7	5.5	8.3
48	24 Nov-30 Nov	33.3	16.1	8.4	8.9
49	1 Dez-7 Dez	28.2	16.8	4.5	7.6
50	8 Dez-14 Dez	30.6	16.6	5.6	7.9
51	15 Dez-21 Dez	29.1	12.3	6.9	8.2
52	22 Dez-28 Dez	29.8	12.5	7.4	8.4
1	29 de dezembro a 4 de janeiro	28	15.1	5.3	7.8
2	5 Jan-11 Jan	29.1	14.6	6.1	8.2
3	12 Jan-18 Jan	27.8	14.0	7.1	8.6
4	19 Jan-25 Jan	28.7	12.4	7.2	8.9
5	26 de janeiro-1 de fevereiro	29.0	12.4	9.2	9.7
6	2 Fev-8Fev	29.9	12.7	8.7	9.9
7	9 Fev-15 Fev	30.4	14.2	9.4	10.4
8	16 Fev-22Fev	31.4	14.3	9.4	10.8
9	23 de fevereiro a 1 de março	33.8	13.9	10.1	11.3
10	2 de março-8 de março	36.5	17.2	9.0	11.3
11	9 de março-15 de março	35.2	18.1	9.5	11.8

Printed by Books on Demand GmbH, Norderstedt / Germany